AIK Technical Report

# 건축물의 풍하중 및 지진하중

Wind Load and Earthquake Load of Building Structure

2007

대한건축학회
THE ARCHITECTURAL INSTITUTE OF KOREA

건축구조설계기준 기술보고서 총괄 위원장 : 신성우(한양대학교 친환경건축연구센터 소장)
간사 : 유석형(한양대학교 연구조교수)
자문위원 : 마춘경(표준구조연구소 대표이사)
이리형(청운대학교 총장)
이병해(한양대학교 건축학부 명예교수)
정재철(㈜ GS건설 고문)
한창평(㈜ 한성종합기술단 고문)
홍성목(서울대학교 건축학과 명예교수)

## 풍하중

### 연구진

풍하중기준 집필위원장 : 김영문(전북대학교 교수)
집필위원(가나다순) : 김대영(대우건설기술연구소)
정영배(진주국제대학교 교수)
조강표(원광대학교 교수)
유석형(한양대학교 연구조교수)
윤성원(서울산업대 교수)
하영철(금오공과대학교 교수)
함희정(강원대학교 교수)
자문 및 검토 : 김종수(CS 구조엔지니어링 소장)
이동우(플러스 구조 소장)

## 지진하중

### 연구진

지진하중기준 집필위원장 : 김희철(경희대 교수)
집필간사 : 김진구(성균관대 교수)
집필위원(가나다순) : 김동수(KAIST 교수)
김용석(목포대 교수)
오영훈(건양대 교수)
윤종구(한국유지관리 이사)
이기학(세종대 교수)
이한선(고려대 교수)
정광량(동양구조 대표)
최병정(경기대 교수)
한상환(한양대 교수)

# 머 리 말

최근, 건축구조설계기준(KBC-S 2005)이 제정되어 그 동안 분산되어 운영 및 관리되었던 구조설계기준이 통합됨으로써 기준의 관리가 용이하게 되었을 뿐만 아니라 사용자의 편의성도 높아지고 있습니다. 그러나 타 전문 학회에서 이미 발간된 기준들이 누락되었거나 전혀 다루고 있지 않은 부분 등이 있으며, 실무에서 사용하기 어렵다는 실무자들의 의견 등도 있어 KBC-S 2005의 부분개정 및 확대가 시급히 요구되고 있는 실정입니다.

현재 KBC-S 2005에 포함되지 않은 건축구조의 여러 요소기술분야에 대한 정보는 기술지침서로서 정립된 문헌이 없는 분야에서부터 단순한 학술서적 발간, 설계 및 시공지침서 발간 등 다양한 형태로 실무자나 관련 연구자들에게 제공되고 있으나 향후 KBC-S 2008로 제정되기 위하여 지속적인 연구개발을 통한 수정·보완뿐만 아니라 기술정보 유형을 통합화 하고 기술현황을 정리할 필요가 있을 것으로 판단됩니다. 따라서 금번 건축학회에서는 이들 요소기술들 중 지진하중, 풍하중 및 대공간구조물에 대한 국내외 기술현황을 정리하여 2권의 책자로 나누어 발간하게 되었습니다.

「건물의 풍하중 및 지진하중」 중 풍하중 부분에서는 최근의 기술개발에 따라 변화되고 있는 건축물의 내풍설계에 필요한 설계풍속의 결정 및 작용하는 풍압력과 풍하중의 산정방법과 더불어 변동 풍하중에 의한 동적응답 효과 등을 다루고 있으며, 향후 우리나라의 풍하중기준을 수정 및 보완하거나 개정하는데 있어서 필요한 기초자료로서도 활용할 수 있도록 하고자 하였습니다. 또한 지진하중 부분에서는 KBC-S 2005 지진하중을 중심으로 우리나라 실정에 보다 적합한 지진하중을 설정하기 위하여 전문가 및 구조기술사와의 토론을 통하여 정리한 내용을 다루었습니다.

「대공간 구조물」 에서는 대공간구조물의 간략한 개요와 막구조물의 계획 및 설계, 막구조물의 해석기법, 실제 설계 예를 다루었습니다.

앞으로 본 기술보고서가 건축구조설계 실무 및 연구 분야에서 널리 활용될 수 있도록 건축기술인 여러분의 아낌없는 성원과 조언을 바라며, 보다 충실한 내용이 될 수 있도록 계속 수정·보완해 나가겠습니다.

끝으로 본 기술보고서가 발간되기까지 헌신적으로 노력하여 주신 여러 연구위원의 노고에 대하여 깊은 감사를 표하는 바입니다.

2007. 1

풍하중기준 집필위원장 김 영 문

지진하중기준 집필위원장 김 희 철

건축구조설계기준 기술보고서 총괄 위원장 신 성 우

사단법인 대한건축학회 회장 심 우 갑

# 차 례

## (풍하중)

**제1장 일반사항** 3
1.1 기술현황 3
1.2 정의 5

**제2장 풍속의 산정현황 및 지침** 7
2.1 풍속의 산정현황 및 지침 7
2.2 태풍의 적용현황 및 지침 11
2.3 풍하중의 산정현황 및 지침 11
2.4 풍관측 적용현황 및 지침 12

**제3장 풍하중의 적용현황 및 지침** 11
3.1 일반사항 13
3.2 국외 적용 기술현황 13

**제4장 각국 풍하중기준의 비교** 15
4.1 가스트 영향계수 15
4.2 가스트 내압계수 16
4.3 풍직각방향, 비틀림방향 풍하중평가 17
4.4 수평풍하중의 하중조합 방법 18
4.5 건물의 규모에 따른 풍하중 산정법 구분 18

**제5장 외장재 설계용 풍하중** 20
5.1 연구의 범위 20
5.2 국내 기술현황 20
5.3 국외 기술현황
21

**제6장 바람에 의한 동적영향** 22

6.1 정의 22

6.2 국내외 현황 분석 24

6.3 각국 하중기준별 가속도응답평가 25

6.4 사용성 평가 25

6.5 거주자의 가속도 지각한계 27

6.6 사용성 평가기준 30

6.7 사용성 평가를 고려한 내풍설계 31

**제7장 우리나라 풍하중 기준의 문제점 요약 및 결론** 34

7.1 기본풍속 34

7.2 풍속의 고도분포계수 35

7.3 풍향계수 36

7.4 지형에 의한 풍속 할증계수 37

7.5 가스트 영향계수 38

7.6 가스트 내압계수 38

7.7 풍직각방향과 비틀림방향의 풍하중 산정방법 39

7.8 수평풍하중의 하중조합 방법 40

7.9 건물의 규모에 따른 풍하중 산정법 구분 41

7.10 외장재 설계용 가스트 외압계수 42

7.11 외장재 설계용 풍하중 43

7.12 바람에 의한 동적 영향 43

## (지진하중)

**제1장 일반사항** 49
1.1 반응수정계수 49
1.2 건물 골조시스템 50
1.3 지반 및 지진력 52

**제2장 하중 비교 및 reponse spectrum** 53
2.1 하중조합 53
2.2 지진하중 55

**제3장 국내 지반특성에 적합한 지반분류 방법** 71
3.1 기술적 배경 71
3.2 지반분류 개선방법 83
3.3 지진재해도의 문제점 및 개선방법 91

**제4장 건축물 지진력 저항시스템** 94
4.1 서론 94
4.2 반응수정계수 94
4.3 지진력 저항시스템 100
4.4 플랫 플레이트 시스템 104
4.5 합성구조 및 기타 구조 104
4.6 결론 105

**제5장 철근콘크리트 구조물의 내진설계** 107
5.1 서론 107
5.2 철근콘크리트 건물의 내진설계 108
5.3 콘크리트구조 상세에서의 변경사유 110
5.4 구조시스템 제한과 특수내진상세의 필요성 110
5.5 KBC2005의 주요개정 내용 110

5.6 연약지반에 위치한 건축물에 대한 지진하중의 대폭적인 증가 111
5.7 횡력저항구조시스템의 종류 및 관련계수 112
5.8 변형적합성의 적용 112
5.9 콘크리트구조설계기준의 주요개정 내용 113
5.10 내진상세 요구조건 113
5.11 특수모멘트골조의 휨부재(21.4) 114
5.12 휨과 축하중을 받는 특수모멘트골조의 부재(21.5) 116
5.13 불연속벽체를 지지하는 기둥(21.5.4.5) 117
5.14 특수모멘트골조의 접합부(21.6) 118
5.15 특수경계요소(변위기반 설계법, 21.7.6.2) 119
5.16 연결보(21.7.7) 120
5.17 구조격막과 트러스(21.8) 120
5.18 지진력에 저항하지 않는 골조부재(21.10) 121
5.19 결론 121

**제6장 강구조물의 내진설계** **123**

6.1 개요 123
6.2 내용 및 범위 123
6.3 지진력 저항시스템에 대한 강구조의 적정설계계수의 보완 124
6.4 강구조 내진설계 시의 특별 고려사항 127
6.5 강구조설계의 보완사항 132
6.6 소결론 135

**제7장 비구조요소와 공작물의 내진설계** **136**

7.1 일반사항 136
7.2 비구조요소 내진설계의 기술분석과 개선방향 138
7.3 공작물 내진설계의 기술분석과 개선방향 144

건축물의 풍하중 및 지진하중

# 풍하중

# 01 일반사항

## 1.1 기술현황

### 1.1.1 목적 및 역사적 배경

근년에 걸쳐 지구 온난화의 영향으로 우리나라에 내습하는 태풍의 빈도가 증가하는 추세에 있다. 이 뿐만 아니라 최근 5~6년간에 걸쳐 우리나라에 내습한 대형태풍으로는 1999년 태풍 올가(OLGA), 바트(BART), 2000년 사오마이(SAOMAI), 2002년 라마순(RAMMASUN), 펑셴(FANGSHEN), 루사(RUSA), 2003년 매미(MAEMI) 등이 있으며, 이 태풍의 영향으로 경기장의 막구조 파손, 주거건물의 외장재 파손, 크레인, 송전탑, 표지판의 전도 등 전국적으로 많은 풍피해를 남겼으며, 태풍 매미의 경우는 제주 고산지역에 최대순간풍속 60m/s라는 우리나라 기상관측 이래 가장 강한 바람이 관측되기도 하였다. 이와 같이 태풍에 의한 풍피해를 최소화하기 위해서는 재해대책에 대한 사회투자를 증가시켜야 할 뿐만 아니라, 강풍에 대한 건축물의 풍하중을 합리적으로 평가하여 우리나라 풍하중 설계기준(건축구조설계기준)을 새롭게 정비 및 개발해야 할 필요가 있다.

풍공학 선진국인 미국, 일본, 호주, 캐나다 등은 고층건축물의 발달로 건설기술 및 설계기술을 축적하여 국가 경쟁력을 갖춰 왔으나 우리나라의 경우 그렇지 못한 실정이다. 우리나라는 경제, 산업이 급속도로 발전하는 대표적인 국가로서 본 과제를 시작으로 내풍설계기술에 대한 적절한 기준마련이 시급하며, 해외 풍공학 선진국과의 교류를 통해 선진국과의 내풍설계기술의 간격을 줄이고, 나아가 해외수주 및 국제적 경쟁력을 키우는데 학계뿐만 아니라 국가 정책적인 뒷받침이 있어야 할 것으로 판단된다.

### 1.1.2 국내현황

우리나라 풍하중 기준과 관련하여 국내 기술현황을 살펴보면 다음과 같은 현실이다.

- 내풍설계를 위한 기본 풍속도는 최근 10년의 풍속자료가 누락되어 있으며, 풍속의 간격이 5m/s로 되어 있어 풍속간의 격차가 커 특정 지역의 경우 풍하중에 대한 과다 설계가 우려되는 실정이다.
- 풍방향의 풍하중 산정방법은 해석적으로 규정하고 있지만 풍직각방향과 비틀림방향에 대한 풍하중은 해석적 방법으로 규정하지 못하고 풍동실험과 같은 실험적 수단에 의해 평가하고 있는 실정이다.
- 구조물의 중요도 및 구조, 층수, 규모에 관계없이 매우 복잡한 해석적인 수법으로 풍하중을 평가하고 있어 비교적 건물의 규모가 작은 경우 풍하중의 평가에 필요이상의 설계기간이 필요하다.
- 일반적으로 풍하중은 건물의 풍방향, 풍직각방향, 비틀림방향에 대해 동시에 복잡하게 작용하지만 우리나라 풍하중 기준은 이러한 각 방향의 상호작용을 고려한 하중조합방법을 제안하고 있지 못하다.
- 해외 기준의 경우 풍동실험에 의한 동적해석이 필요한 건축물을 명확하게 규정하고 있으나, 우리나라 풍하중 기준은 그 한계가 모호하게 언급하고 있다.
- 해외 대부분의 기준의 경우 풍향에 대한 영향을 고려하고 있으나, 우리나라 풍하중 기준에서는 전 풍향에 대하여 동일한 확률의 풍향빈도를 사용하고 있다.
- 이 외 내압계수, 가스트 영향계수, 고도분포계수 등 실 관측 및 계획적인 연구를 통한 재평가가 필요하다.

### 1.1.3 보고서의 범위

본 기술보고서에서는 국외 풍공학 선진국의 내풍설계법에 대한 문헌조사를 통해, 풍하중 산정에 있어서 중요한 사항을 추출하고 각 사항에 대해 세밀히 비교분석함으로써, 국내 풍하중 산정방법의 문제점을 검토하고 앞으로 국내 풍하중 산정방법의 개선방향을 제시한다.

본 기술보고서에서 검토대상으로 한 국내외 내풍설계기준은 다음과 같다.

- 미국(American Society of Civil Engineers ; ASCE 7-05)
- 캐나다(National Building Code of Canada ; NBCC 1995)
- 일본(Architectural Institute of Japan ; AIJ 2004)
- 호주(Australian/New Zealand Standard ; AS/NZS 1170.2:2002)
- ISO(International Standard Organization ; ISO 4354:1997(E))
- 대한민국(Korean Building Code-Structural ; KBC-S 2005)

## 1.2 정의

### 1.2.1 풍속

내풍설계를 위한 풍속의 정의에는 평균풍속, 기본풍속 및 설계풍속 등을 들 수 있다.

- 평균풍속 : 우리나라는 기상청의 10분간 풍속을 평균풍속으로 정의하여 사용하고 있다.
- 기본풍속 : 풍하중 해설 및 설계규정의 건설지점의 지역별 표 5.1 및 그림 5.1에 따라 결정하고 있으며, 건설지점 부근의 유효한 관측자료가 있을 경우 이에 따라 설정하도록 규정하고 있다. 구체적인 산출방법은 지역별 연 최대풍속을 이용하여 확률통계적 방법을 통한 해석에 따라 각 지역별 기본풍속을 규정하고 있다. 제4, 5장에서도 언급하듯이 그 풍속의 규정 간격에 대한 개선이 필요할 것이다.
- 설계풍속 : 설계풍속은 기본풍속, 풍속의 고도분포계수, 지형에 의한 풍속할증계수, 중요도 계수 등을 고려하여 산정하는 설계 값으로서, 풍하중 해설 및 설계의 식(5.12)으로 규정하고 있다.

### 1.2.2 태풍(열대성저기압 태풍)

태풍은 적도 부근이 극지방보다 태양열을 더 많이 받기 때문에 생기는 열적 불균형을 없애기 위해, 저위도 지방의 따뜻한 공기가 바다로부터 수증기를 공급받으면서 강한 바람과 많은 비를 동반하며 고위도로 이동하는 기상현상 중의 하나이다. 태양으로부터 오는 열은 지구의 날씨를 변화시키는 주된 원인이다. 지구는 자전하면서 태양의 주위를 돌기 때문에 낮과 밤, 계절의 변화가 생기며 이로 인해 지구가 태양으로부터 받는 열량의 차이가 발생한다. 또한 대륙과 바다, 적도와 극지방과 같이 지역조건에 따른 열적 불균형이 일어난다. 이러한 불균형을 해소하기 위해 비나 눈이 내리고, 바람이 불고, 기온이 오르내리는 등 날씨의 변화가 생기게 된다.

열대저기압인 태풍은 강한 비바람을 동반하고 움직이는 것을 말한다. 지역에 따라 다른 이름으로 불리는데 북서태평양에서는 태풍(Typhoon), 북중미에서는 허리케인(Hurricane), 인도양에서는 사이클론(Cyclone)이라고 한다.

세계기상기구(WMO)는 열대저기압 중에서 중심 부근의 최대풍속이 33㎧ 이상인 것을 태풍(TY), 25~32㎧인 것을 강한 열대폭풍(STS), 17~24㎧인 것을 열대폭풍(TS), 그리고 17㎧ 미만인 것을 열대저압부(TD)로 구분한다.

우리나라와 일본에서도 태풍을 이와 같이 구분하지만, 일반적으로 최대풍속이 17m/s 이상인 열대저기압 모두를 태풍이라고 부른다.

Table 1 태풍의 구분

| 중심부근 최대풍속 | 세계기상기구 | 한국/일본 | |
|---|---|---|---|
| 17㎧ 미만(34kts미만) | 열대저압부(TD : Tropical Depression) | | |
| 17㎧ -24㎧ (34-47kts) | 열대폭풍(TS : Tropical Storm) | TS | 태 풍 |
| 24㎧ -32㎧ (48-63kts) | 강한 열대폭풍(STS : Severe Tropical Storm) | STS | |
| | 태풍(TY : Typhoon) | TY | |

주) 1 ㎧ ≒ 1.94 knots

일반적으로 우리나라에 영향을 미치는 태풍은 7~10월 사이에 많이 발생하며, 열대 해양의 서쪽에 많이 나타나는데, 적도를 사이에 둔 남북 5° 이내에서는 거의 발생하지 않는다.

# 02 풍속의 산정현황 및 지침

## 2.1 풍속의 산정현황 및 지침

### 2.1.1 기본풍속(basic wind speed)

기본풍속은 풍하중 산정에 있어서 가장 기본이 되는 것의 하나로서, 해당 지역의 설계풍속을 산정하는 기본자료이다. 해외기준과 우리나라 풍하중 설계기준의 기본풍속에 대한 비교표를 아래에 나타내었다. 우리나라 풍하중 기준의 기본풍속은 1995년까지의 기상자료 및 기상대 주변상황에 의해 기본풍속이 산정되었기 때문에, 최근의 이상기상으로 인한 강풍의 영향이 고려되어 있지 않고 급격한 도시화로 인한 지표면 상태변화를 반영하고 있지 못하고 있다. 또한, 해외기준과 비교하여 기본풍속은 5m/s 간격으로 나타나 있어 등급별 하중(하중은 풍속의 2승에 비례하므로)의 격차가 심하여 지역에 따라 과다설계 할 우려가 있다. 따라서 이와 같은 문제점의 보완을 통한 우리나라 기본풍속의 update 및 개선이 필요하다.

Table 2 풍하중기준 비교표 ; 기본풍속

| | ASCE 7-05 | NBCC 1995 | AIJ 2004 | AS/NZS 2002 | ISO | KBC-S 2005 |
|---|---|---|---|---|---|---|
| symbol | $V$ | $\overline{V}$ | $U_0$ | $V_R$ | $V$ | $V_0$ |
| averaging -time | 3-sec | 1-hour | 10-minute | 3-sec | 10-min. | 10-min. |
| height | 10 m | 10 m | 10m | 10 m | 10 m | 10 m |
| terrain | open terrain | open exposure | Exposure II | open country | open terrain | 노풍도 C |
| return period | 50-year | 10, 30, 100-year | 100-year | given in table | 50-year | 100-year |
| estimation | given in wind-map | given in wind-map | given in wind-map | given in table & wind-map | given relationship eg. | given in wind-map |
| every wind-speed | 10 mph (4.5 m/s) | - | 2m/s | - | - | 5 m/s |

해외 풍하중 기준과의 비교를 통해 우리나라 기본풍속의 개선방향으로는 최근까지의 풍속자료 및 기상대 주변의 상황을 반영하고, 풍속등급을 2~3m/s 간격으로 세분화시킨 기본풍속을 제시하는 것이 합리적일 것으로 평가되었다. 본 과제에서 평가된 결과에 근거하여 개선된 기본풍속은 최근 풍속자료를 포함으로써 기상변화 특성을 반영할 수 있고, 기상대 주변의 상황을 반영함으로써 도시화로 인한 지표면의 상태변화에 따른 영향을 반영할 수 있으며, 풍속의 등급을 세분화함으로써 등급간 하중의 격차를 줄여 경제적인 내풍설계가 가능해질 것이다.

### 2.1.2 풍속의 고도분포계수(Wind Speed Exposure Coefficient)

해외 기준과 우리나라 풍하중 설계기준의 고도분포계수에 대한 비교표를 아래에 나타내었다. 우리나라 풍하중 기준의 현행 풍속의 고도분포계수는 외국의 기준을 참고로 정해진 것으로서, 아직까지 우리나라 지표면에 대한 풍속의 고도분포를 측정한 예가 없다. 따라서 우리나라를 대표할 수 있는 지표면 상태를 분류하고, 그 지표면에 상응하는 풍속의 고도분포, 난류강도, 대기 경계층의 시작높이, 경도풍높이

등을 실 관측을 통해 평가한 후 우리나라 지표면 상황에 부합되는 고도분포계수를 채용해야 할 것이다.

Table 3 풍하중기준 비교표 ; 풍속의 고도분포계수

| | ASCE 7-05 | NBCC 1995 | AIJ 2004 | AS/NZS 2002 | ISO | KBC-S 2005 |
|---|---|---|---|---|---|---|
| symbol | $\sqrt{K_z}$ | $\sqrt{C_e}$ | $E=E_r E_g$ | $M_{z,cat}$ | $\sqrt{C_{exp}}$ | $K_{zr}$ |
| estima-tion | power-law profiles | power-law profiles (Exposure A, B, C) | power-law profiles | given in table (Category 1,2,3,4) | power-law profiles & logarithmic profiles | power-law profiles (노풍도 A, B, C, D) |

### 2.1.3 풍향계수(wind direction factor)

해외기준과 우리나라 풍하중 설계기준의 풍향계수에 대한 적용 비교표는 다음과 같다. 아래 표와 같이 해외 대부분의 기준의 경우 풍향에 대한 영향을 고려하고 있으나, 우리나라 풍하중 기준에서는 전 풍향에 대하여 동일한 확률의 풍향빈도를 사용하고 있다. 일반적으로 강풍의 발생풍향은 지역에 따라 상이하기 때문에 전 풍향에 대해 동일한 확률을 적용하는 우리나라 풍하중 기준에서는 풍속이 과대평가될 우려가 있다. 따라서 우리나라 풍하중 기준은 풍향계수에 대한 규정의 개발이 필요한 실정이다.

Table 4 풍하중기준 비교표 ; 풍향계수

| | ASCE 7-05 | NBCC 1995 | AIJ 2004 | AS/NZS 2002 | ISO | KBC-S 2005 |
|---|---|---|---|---|---|---|
| notation | Directionality Factor | - | 풍향계수 | Wind Direction Multiplier | - | - |
| symbol | $K_d$ * | - | $K_D$ | $M_d$ | - | - |
| estimation | given in table | not given | given in table | given in table | not given | not given |

* 하중조합과 관련하여 사용할 경우에만 적용

해외 풍하중 기준과의 비교를 통해 우리나라 풍향계수의 제안은, 풍향계수는 풍속의 저감계수로서 전 풍향에 대한 주풍향의 비율로 정의하고, 기상대의 풍향풍속자료에 의거하여 주요 8풍향에 대한 풍향계수를 지역별로 제시해야 할 것으로 평가되었다. 우리나라 풍하중 기준에 풍향계수를 도입함으로써 지역별 풍속을 합리적으로 적용할 수 있으며 또한 경제적인 효과를 가져 올 것이다.

### 2.1.4 지형에 의한 풍속할증계수

해외 기준과 우리나라 풍하중 설계기준의 지형에 의한 풍속할증계수에 대한 적용 비교표는 다음과 같다. 아래 표와 같이 해외 대부분의 기준의 경우 평가 식에 의해 수평, 수직방향으로 풍속의 할증계수를 달리 적용하고 있으나, 우리나라의 경우에는 풍속할증범위 내에 있는 경우에 수평 및 수직거리에 상관없이 동일한 할증계수를 사용하도록 하고 있다. 따라서 수직, 수평거리에 따라 과다한 풍속을 사용할 우려가 있다.

Table 5 풍하중기준 비교표 ; 지형에 의한 풍속할증계수

| | ASCE 7-05 | NBCC 1995 | AIJ 2004 | AS/NZS 2002 | ISO | KBC-S 2005 |
|---|---|---|---|---|---|---|
| notation | parameters for speed-up over hills and escarpments | speed-up factor | 소지형에 의한 풍속할증계수 | topographic multiplier | speed-up factor | 지형에 의한 풍속할증계수 |
| symbol | $K_{zt}$ | $\Delta S_z$ | $E_g$ | $M_t$ | $\Delta S_z$ | $K_{zt}$ |
| estimation | given in table | given by equation | given by equation | given by equation | given byequation | given in table |

해외 풍하중 기준과의 비교를 통해 우리나라 지형에 의한 풍속할증계수는 경사지, 2차원 산지, 3차원 산지의 풍속할증에 관한 다양한 풍동실험을 실시하고, 결과를 분석하여 풍속할증을 경사각, 수평거리, 수직거리를 변수로 하는 수식으로 제안하는 것이 합리적일 것으로 평가되었다.

## 2.2 태풍의 적용현황 및 지침

현 풍하중 기준에 적용 및 지침 미흡함.

## 2.3 풍하중의 산정현황 및 지침

### 2.3.1 지붕골조, 외장재 풍하중

- 지붕골조 풍하중은 건축물의 지붕에 작용하는 풍하중으로써 원칙적으로 장방형 평면의 평지붕을 대상으로 규정하고 있다. 단, 지붕구배가 10° 미만인 경우에 대하여는 평지붕에 해당하는 것으로 할 수 있도록 하고 있다.
  강체구조 및 유연구조에 대한 구분과 풍하중 해설 및 설계의 (해 5.3.1)과 (해 5.3.2)로 지붕골조 풍하중의 산정방법을 규정하고 있다. 나아가 지붕골조의 공기력 불안정 진동에 대한 검토도 정의하고 있다.
- 외장재 풍하중은 건축물의 고층화와 경량화에 따라 외피에 대한 바람의 위험성을 검토하기 위해 중요시되고 있다. 외장재는 지붕골재와 더불어 구조물의 2차부재로써 설계용 하중을 받는 각종 외벽 패널, 커튼월 등과 이를 붙잡아 주는 파스너와 띠장, 스터드 등의 설계를 위하여 규정하고 있다. 외장재 풍하중에 대한 산정방법은 풍하중 해설 및 설계규정의 [그림 해 5.4.1]를 참조 바란다.

### 2.3.2 구조골조 풍하중

바람에 의하여 건축물에 작용하는 풍력은 풍속, 난류강도 및 지형에 의한 영향과 더불어 건축물의 규모, 형상, 강성 등에 따라 풍응답이 달라지게 된다.

바람의 시간적인 변동에 의한 건축물의 풍력도 시간적으로 변동하게 되어 임의의 시간에 최대변동 응답이 생기게 된다. 구조골조 풍하중의 산정은 바람의 풍방향의 풍하중을 의미하고 있으며, 건축물의 세장 또는 경량(래티스구조물) 구조물 등에 따라서는 풍직각방향의 진동과 비틀림에 대한 진동 등에 의한 풍하중도 고려되어야 할 것이다.

구조골조 풍하중은 풍압계수와 풍력계수에 의하여 결정될 뿐 아니라 가스트 영향계수에 의해 좌우된다. 이들 계수는 10분간 평균풍속에 의해 결정되고 있으며 이에 대한 비교 검토는 Table 2를 참조하기 바란다. 구조골조 풍하중의 결정은 일반적으로 풍동실험에 의하여 시행되고 있으며 구체적인 내용은 풍하중 해설 및 설계의 [그림 해 5.2.1]를 참고하기 바란다.

### 2.3.3 풍직각방향 및 비틀림 방향 풍하중

현 풍하중 기준에 적용 및 지침 미흡함.

## 2.4 풍관측 적용현황 및 지침

현 풍하중 기준에 적용 및 지침 미흡함.

# 03 풍하중의 적용현황 및 지침

## 3.1 일반사항

풍하중에 대한 적용현황 및 지침은 2000년 건교부제정에 의한 건축물하중기준에 따른 풍하중 해설 및 설계를 들 수 있으며, 현행 적용되고 있는 규정이라 할 수 있다. 이 규정에 따르면, 풍하중은 등가정적 개념에 근간을 두는 것으로 건축물 또는 공작물의 탄성적 거동을 전제로 확률통계적 수법에 의한 것이라 할 수 있다.

지붕골조와 외장재 풍하중, 구조골조 풍하중 및 풍직각방향과 비틀림방향 풍하중 등에 대해 적용하고 있으며 풍하중의 조합 및 태풍 시뮬레이션에 의한 풍하중에 대한 영향과 도심지의 시공간 풍 관측에 의한 고려가 반영되지 못한 실정이라 할 수 있다.

## 3.2 국외 적용 기술현황

우리나라 풍하중 기준과 비교하여 국외 기술개발 현황을 살펴보면 아래와 같다.

- 일본에서는 많은 풍동실험 연구결과로부터 풍방향의 풍하중 산정방법뿐만 아니라 풍직각방향과 비틀림방향에 대한 풍하중 산정방법을 기준으로 제시하고 있으며, 케나다, 호주 등 풍공학 선진국에서도 최근 이와 관련한 연구가 활발하게 진행되고 있다.
- 미국, 일본, 캐나다 등에서는 구조물의 규모에 따라 약산법(simplified procedure), 정산법(analytical procedure) 및 풍동실험(wind tunnel procedure)으

로 구분하여 설계에 적용하도록 하고 있다.

- 미국, 일본, 호주 등에서는 건물의 풍방향, 풍직각방향, 비틀림방향에 대해 동시에 복잡하게 작용하는 풍하중을 적절하게 조합하여 적용하도록 하고 있다.
- 미국, 일본, 호주 등 해외 기준의 경우 임의지역에 대한 풍향빈도를 분석하여 최소 8개 풍향에 대한 영향을 고려하여 설계에 반영하고 있다.
- 미국, 일본, 호주 등 해외 기준의 경우 임의지역에 대한 설계용 풍하중을 산정하기 위하여 태풍 시뮬레이션 및 풍 관측에 의한 필요자료를 개발하여 충분히 반영하고 있다.
- 가스트 영향계수는 준정적해석에 의하여 변동변위에서 변동하중의 특성을 평가하여 평균하중으로부터 최대하중을 평가할 수 있도록 해주는 일종의 환산계수이며, 이는 근본적으로 변위로부터 유도되었기 때문에 하중의 특성을 직접 반영하고 있다고 보기 힘들다. 이와 같은 이유로 인해 최근 풍공학 선진국에서는 건물의 하중에 근거한 가스트 하중계수(gust loading factor)로의 전환을 시도하고 있다.

이와 같이 풍공학 선진국에서는 국제적으로 풍공학 기술력의 경쟁력을 갖추기 위해 많은 투자와 연구를 하고 있다.

# 04 각국 풍하중기준의 비교

본 장에서는 각국 풍하중 기준에서 중요한 사항을 항목별로 비교표를 작성하여 나타내었다. 이 기준의 비교표를 통해 우리나라 풍하중 기준 내에서 개선, 개발이 필요한 항목을 추출해 낸다.

## 4.1 가스트 영향계수(gust effect factor)

해외 기준과 우리나라 풍하중 설계기준의 가스트 영향계수에 대한 적용 비교표는 다음과 같다. 다음 표와 같이 국내외 기준의 경우 건축물의 동적인 영향을 가스트 영향계수(또는 유사계수)로서 평가식에 의해 제시하고 있다. 그러나 가스트 영향계수는 준정적해석에 의하여 변동변위에서 변동하중의 특성을 평가하여 평균하중으로부터 최대하중을 평가할 수 있도록 해주는 일종의 환산계수이며, 이는 근본적으로 변위로부터 유도되었기 때문에 하중의 특성을 직접 반영하고 있다고 보기 힘들다. 이와 같은 이유로 인해 최근 풍공학 선진국에서는 건물의 하중에 근거한 가스트 하중계수(gust loading factor)로의 전환을 시도하고 있다.

따라서 우리나라도 풍공학 선진국에 발마추어 풍력실험 결과에 의해 얻어지는 하중으로서 건물의 밑면 휨모멘트에 근거하여 가스트 하중계수(gust loading factor)를 직접 정식화할 필요가 있다.

Table 5 풍하중기준 비교표 ; 가스트 영향계수

| | ASCE 7-05 | NBCC 1995 | AIJ 2004 | AS/NZS 2002 | ISO | KBC-S 2005 |
|---|---|---|---|---|---|---|
| notation | Gust Effect Factor | Dynamic Response and Gust Effect Factor | Gust Effect Factor | Dynamic Response Factor | Dynamic Response Factor | Gust Effect Factor |
| symbol | $G$ , $G_f$ | $C_g$ | $G_D$, $G_R$ | $C_{dyn}$ | $C_{dyn}$ | $G_f$ |
| estimation | given by equation | given by equation | given by equation | given by equation | given by equation | given by equation |

## 4.2 가스트 내압계수(internal pressure coefficient)

해외기준과 우리나라 풍하중 설계기준의 내압계수에 대한 적용 비교표를 아래에 나타내었다. 아래 표와 같이 해외 기준의 경우, 건물의 내압계수는 밀폐 정도에 따라 매우 상이하게 나타나기 때문에 내압계수를 건물의 형식 및 밀폐 정도에 따라 평가식으로서 달리 작용하도록 하고 있다. 그러나 우리나라의 경우 밀폐형 건축물에 대해서만 외압의 작용방향에 따라 가스트 내압계수를 0 또는 −0.52의 값으로 일괄 적용하도록 하고 있다.

따라서 우리나라 현행 풍하중 설계기준은 일부개방형 건축물 및 개방형 건축물의 합리적인 평가가 불가능하므로 내압계수의 재평가가 필요한 실정이다.

Table 6 풍하중기준 비교표 ; 내압계수

| | ASCE 7-05 | NBCC 1995 | AIJ 2004 | | AS/NZS 2002 | ISO | KBC-S 2005 |
|---|---|---|---|---|---|---|---|
| notation | Internal Pressure Coefficient | Internal Pressure Coefficient | 구조골조용 내압계수 | 외장재용 내압변동의 효과를 나타내는 계수 | Internal Pressure Coefficient | Internal Shape Factor | 가스트 내압계수 |
| symbol | $GC_{pi}$ | $C_{pi}$ | $C_{pi}$ | $C^*_{pi}$ | $C_{p,i}$ | $C_{fig,int}$ | $GC_{pi}$ |
| estimation | given in table | given in equation (Category 1,2,3) | 0 or -0.4 | 0 or -0.5 | given in table | given in table (type of structure 1,2,3) | 0 or -0.52 |

## 4.3 풍직각방향(across-wind), 비틀림방향(torsional-wind) 풍하중 평가

해외 기준과 우리나라 풍하중 설계기준의 풍직각방향과 비틀림방향에 대한 풍하중 평가법의 적용 비교표는 다음과 같다. 초고층건축물과 같이 세장한 건축물의 경우에는 풍직각방향의 하중이 풍방향 하중보다 더 큰 값을 나타낼 경우가 많으며 비틀림방향 하중 또한 무시할 수 없을 만큼 큰 값을 가진다. 그러나 풍직각방향 및 비틀림방향의 하중의 평가는 풍방향 하중의 평가와는 달리 해석적인 방법으로 평가가 불가능하기 때문에 풍직각방향 및 비틀림방향의 하중의 평가법은 아래 표와 같이 해외 일부기준(NBCC 1995, AIJ 2004)에서만 규정하고 있는 실정이며, 현재 풍공학 선진국을 중심으로 풍동실험 결과를 통한 평가방법이 제안되고 있는 추세이다.

Table 7 풍하중기준 비교표 ; 풍직각방향, 비틀림방향 풍하중 평가

| | ASCE 7-05 | NBCC 1995 | AIJ 2004 | AS/NZS 2002 | ISO | KBC-S 2005 |
|---|---|---|---|---|---|---|
| across-wind | not given | given | given | given | not given | not given |
| torsional-wind | not given | not given | given | not given | not given | not given |

따라서 우리나라 풍하중 설계기준은 건물의 폭과 높이의 비 및 지표면 상태를 변수로 한 많은 종류의 풍력실험을 실시하여 그 결과를 분석한 후 풍직각방향, 비틀림방향에 대한 풍하중의 평가식을 정식화하여 제시할 필요가 있다. 제안된 풍직각방향, 비틀림방향에 대한 풍하중의 평가식을 활용함으로써 정형적인 형상을 가진 단독으로 세워진 고층건축물에 대해 내풍설계를 할 경우 풍동실험을 실시하지 않고 제안된 평가식에 의하여 효율적으로 산정할 수 있을 것이다.

## 4.4 수평풍하중의 하중조합 방법 (combination of horizontal wind loads)

해외기준과 우리나라 풍하중 설계기준의 수평풍하중에 대한 하중조합 방법에 대한 적용 비교표는 다음과 같다. 일반적으로 강풍이 건물에 작용하면 풍방향 하중뿐만 아니라 풍직각방향 및 비틀림방향의 하중이 동시에 작용하며, 실제 구조설계를 할 경우에는 이를 고려하여 건축물의 구축별로 동시에 적용해야 할 풍하중의 분배방법이 필요하다. 아래 표와 같이 ASCE 7-05 및 AIJ 2005에서는 수평풍하중에 대한 하중조합을 3~4종류 정도로 규정하고 있으나, 우리나라를 비롯한 일부 해외기준의 경우에는 수평풍하중을 조합하여 적용하고 있지 못하며 구조축에 대해서 각기 평가하고 있다.

Table 8 풍하중기준 비교표 ; 수평풍하중의 하중조합방법

| ASCE 7-05 | NBCC 1995 | AIJ 2004 | AS/NZS 2002 | ISO | KBC-S 2005 |
|---|---|---|---|---|---|
| given<br>- Load Case 1<br>- Load Case 2<br>- Load Case 3<br>- Load Case 4 | not given | given<br>- 조합조건 1<br>- 조합조건 2<br>- 조합조건 3 | given | not given | not given |

따라서 풍력실험을 실시하여 풍방향, 풍직각방향, 비틀림방향으로 풍하중이 동일시간에 어떻게 배분되는지에 대한 시계열 데이터를 조사, 분석, 정량화하여 건축물의 구조축에 작용하는 수평풍하중의 비율을 평가하여 우리나라 풍하중 설계기준에 수평풍하중의 조합방법(load combination case)을 제시할 필요가 있다. 건축물의 내풍설계시 수평풍하중을 조합하여 적용함으로써 바람에 의해 건축물에 동일 시간에 가해지는 수평풍하중을 구조축에 합리적으로 배분시킬 수 있으므로 경제적인 최적의 풍하중을 평가할 수 있을 것이다.

## 4.5 건물의 규모에 따른 풍하중 산정법 구분

해외 기준과 우리나라 풍하중 설계기준의 건물의 규모에 따른 풍하중 산정법 구

분 적용에 대한 비교표는 다음과 같다. 아래 표와 같이 해외 대부분의 풍하중 기준에서는 건축물의 규모에 따라 풍하중 산정법을 구분 적용하고 있으나, 우리나라의 경우 건축물의 규모에 상관없이 복잡한 정산법을 사용하도록 하고 있다. 규모가 작은 건물의 경우 이와 같은 복잡한 정산법을 사용하는 것은 실무자들의 번거로움을 초례할 수 있으며 시간적으로 비경제적인 일이다. 그러므로 건축물의 규모가 작을 경우에는 손쉬운 산정법을 제시할 필요가 있으며, 바람에 민감한 건축물, 특수 건축물 등 기준에 의하여 풍하중을 평가하기 힘든 경우(기준을 적용하기 힘든 경우)에는 풍동실험(wind tunnel test)에 의하도록 명확하게 규정할 필요가 있다.

Table 9 풍하중기준 비교표 ; 건물의 규모에 따른 풍하중 산정법 구분

| ASCE 7-05 | NBCC 1995 | AIJ 2004 | AS/NZS 2002 | ISO | KBC-S 2005 |
|---|---|---|---|---|---|
| given<br>- Simplified Procedure<br>- Analytical Procedure<br>- Wind Tunnel Procedure | given<br>- Simplified Procedure<br>- Detailed Procedure<br>- Wind Tunnel Testing | given<br>- 간편법<br>- 정산법<br>- 풍동실험 | not given | given<br>- Simplified Method<br>- Detailed Method<br>- Wind Tunnel Test | not given |

따라서 우리나라 풍하중 설계기준의 개성방안으로 건축물의 규모가 작은 경우(높이 45m 이하)에는 도표 등에 의하여 손쉽게 풍하중을 평가할 수 있도록 약산법(simplified method)을 제시하고, 건축물의 규모가 큰 경우(높이 45m 이하)에는 정확한 산정법에 의하여 풍하중을 평가할 수 있도록 정산법(analytical method, detailed method)을 제시하며, 바람에 민감한 건축물, 비정형적인 건축물, 지형 및 인접 건물의 수속효과 등에 의해 해적인 방법으로는 풍하중을 평가할 수 없을 때에는 풍동실험(wind tunnel test)에 의하도록 규정할 필요가 있다.

# 05 외장재 설계용 풍하중

## 5.1 연구의 범위

본 연구에서는 외장재 설계용 풍하중을 대상으로 국내외 내풍설계기준에 대한 문헌조사를 통해, 외장재 설계용 풍하중 산정에 있어서 중요한 사항을 추출하고 각 사항에 대해 세밀히 비교분석함으로써 국내 외장재 설계용 풍하중 산정방법의 문제점을 검토하고, 앞으로 국내 외장재 설계용 풍하중 산정방법의 개선방향을 제시한다. 본 연구에서 제시된 개선방향을 기초로 향후 외장재 설계용 풍하중 산정방법을 개선하게 된다.

## 5.2 국내 기술현황

우리나라 외장재 설계용 풍하중 기준과 관련하여 국내 기술현황을 살펴보면 다음과 같다.

- 단독의 정형적인 건축물에 대한 외장재용 풍하중 평가에만 적용 가능한 풍압계수에 근거하여 외장재용 풍하중 평가를 실시하므로, 최근 신축되고 있는 다양한 평면형상을 지니고 있는 건축물의 합리적인 외장재용 풍하중평가가 불가능하다.
- 건물배치 형상, 인접건물 등에 의해 대상 건축물에 작용하는 외장재용 풍하중은 크게 달라지나, 기준에서는 이를 반영하지 못하므로 풍동실험과 같은 실험적 수단에 의해 평가가 이루어지고 있는 실정이다.

- 원형평면 및 원형지붕(돔, 원호 등) 등을 지닌 건축물에 대한 외장재 설계용 풍하중 산정에 필요한 외장재용 풍압계수가 제시되어 있지 않아 이러한 구조물에 대한 합리적인 외장재용 풍하중평가가 불가능하다.
- 외장재 설계용 풍하중 평가결과는 최종적으로 외장재 설계 및 설치를 위한 MOCK-UP TEST 등에 기본자료로서 활용되나 이에 대한 구체적인 언급이 없는 실정이다.

## 5.3 국외 기술현황

우리나라 풍하중 기준과 비교하여 국외 현황을 살펴보면 다음과 같다.

- 국외에서는 최근 다양한 평면형상을 지니고 있는 건축물이 신축되고 있는 현실을 반영하여 다수의 풍동실험 결과로부터 단독의 정형적인 건축물에 대한 외장재용 풍하중 평가에만 적용 가능한 풍압계수 외에 일부 평면형상이 요철형상을 지닌 비정형 건축물에 대해서도 합리적인 외장재용 풍하중 평가가 가능하도록 외장재 설계용 풍하중 산정에 필요한 외장재용 풍압계수를 제시하고 있다.
- 국외에서는 건물배치 형상, 인접건물 등에 의해 대상 건축물에 작용하는 외장재용 풍하중이 크게 달라지므로 이를 반영하기 위하여 풍동실험과 같은 실험적 수단을 채용하도록 하고 있다.
- 국외에서는 원형평면 및 원형지붕(돔, 원호 등) 등을 지닌 건축물에 대한 외장재 설계용 풍하중 산정에 필요한 외장재용 풍압계수가 제시되어 이를 반영하여 합리적인 외장재용 풍하중 평가가 가능하도록 하고 있다.
- 국외에서는 국부적으로 크게 작용하는 일부 외장재의 합리적인 설계용 풍하중 산정을 위하여 국부풍압 저감계수 등을 적용하여 외장재용 풍하중 평가가 가능하도록 하고 있다.

# 06 바람에 의한 동적영향

## 6.1 정의

일반적으로 동적인 하중을 받는 구조물의 응답에 있어서는 그 구조물의 동적 특성에 크게 의존하게 된다. 그리고 동적인 하중 특성 역시 동적응답에 미치는 영향이 크게 된다. 그러므로 풍하중과 같은 동적인 하중의 영향이 고층 건물인 경우에는, 먼저 동적응답 특성을 잘 파악해서, 이러한 응답에 대해 안전하고 효과적이며 경제적인 구조시스템으로 설계하도록 하는 것이 구조물의 동적인 응답에 대해 바람직한 방법이다.

예를 들면, 지진하중과 풍하중의 동적 특성을 비교해 보면 그림 1에 나타난 바와 같이 진동수 성분에 따라서 서로 다른 특성을 나타내고 있다. 그림 2는 건축물 주

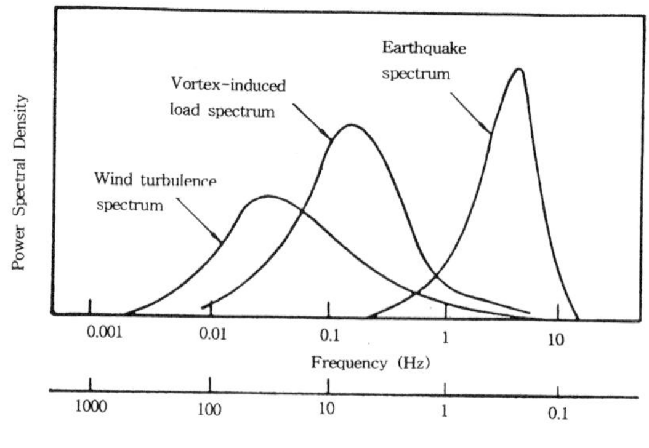


그림 1 지진하중과 풍하중의 스펙트럼 특성

변에서 발생하는 기류의 분포와 건축물에서의 방향 정의를 나타나고 있다.

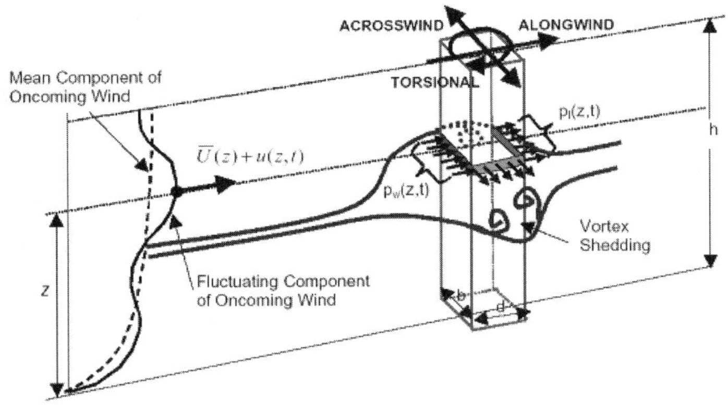


**그림 2** 건축물 주변의 기류분포

위 그림에서 알 수 있듯이, 풍하중의 경우는 1Hz보다 훨씬 적은 진동수 영역에서 스펙트럼 값이 증가되고 있는 반면에 지진하중의 경우는 오히려 감소되고 있음을 알 수 있다.

그런데 풍하중에 의해 고층건물에 진동이 발생하는 경우, 풍방향(along wind direction, 평균풍속방향으로 평균류 방향이라고도 함) 진동은 접근류에 포함된 낮은 주파수 성분을 갖는 변동 풍속성분에 의한 변동 풍압이 주요원인이므로, 풍동실험에 기초한 어느 정도의 이론적인 접근방법이 가능하다. 그런데 풍직각방향(acrosswind direction) 진동의 경우는, 변동풍속 성분을 포함한 접근류가 건물의 풍상면에 부딪히면서 각진 모서리 부분에서 박리한 후 측면으로 흘러가면서 양측면에 박리영역과 더불어 박리전단층류(separated shear-layer flow)를 형성해서 재부착(reattachment)을 하기도 하면서 방출된 와(vortex-shedding)와 더불어 후류에 의한 불규칙적인 풍압변동이 풍직각방향 진동의 주요원인이 되고 있다는 사실이 알려지면서, 이론적인 접근방법보다는 주로 경계층 풍동실험에 의존하게 되었다. 비틀림방향(torsional direction)의 진동발생 원인도 건물 표면에 작용하는 비대칭적으로 분포하는 순간적인 변동풍압력이나 방출된 와 그리고 후류영역에서의 변동풍압 뿐만 아니라 건물평면이 비대칭적이거나 평면의 기하학적 중심(geometric center)과 질량 중심, 그리고 강심(center of rigidity) 등이 서로 일치하지 않아서 생기는 편심 등이라는 사실이 알려지게 되면서 주로 경계층 풍동실험에 의존하게 되었다.

## 6.2 국내외 현황 분석

현재 국내 기준에서는 풍진동 응답에 대한 구체적인 해석방법은 없는 상태이다. 표 10은 해외 기준들에서 제안하고 있는 각 방향별 풍진동 응답평가방법 현황을 나타내고 있다. 표 11은 각국의 하중기준에서 제안하고 있는 동적응답 평가식을 사용할 때 적용기준을 나타나내고 있다. 평가대상의 목적에 따라 세부적으로 구분되어 있는 것은 AIJ하중기준이며 ASCE은 구조물의 고유진동수를 NBCC은 단면의 형태를 기준으로 하여 평가하고 있다.

Table 10 각국에서 제안하고 있는 각 방향별 풍진동응답 평가현황

| 방향 | ASCE7-05 | NBCC 1995 | AIJ 2004 | AS/NZS 2002 | ISO | KBC-S2005 |
|---|---|---|---|---|---|---|
| 풍방향 (along-wind) | given | given | given | given | not given | not given |
| 풍직각방향 (across-wind) | not given | given | given | given | not given | not given |
| 비틀림방향 (torsional-wind) | not given | not given | given | not given | not given | not given |

Table 11 각국에서 제안하고 있는 동적응답 평가기준

<table>
<tr><th>하중기준</th><th colspan="4">평가기준</th></tr>
<tr><td>ASCE7-06</td><td colspan="4">Building and other structure, flexible slender buildings and other structures have a fundamental natural frequency less than 1Hz</td></tr>
<tr><td>N B C C 1995</td><td colspan="4">$\frac{\sqrt{WD}}{H} < \frac{1}{3}$ W: aross-wind plan dimension, D: along-wind plan Dimension</td></tr>
<tr><td>AIJ 2004</td><td>구조골조용 횡하중및 비틀림 풍하중</td><td>와 여진 공력불안전 진동</td><td>횡방향 풍하중</td><td>비틀림 풍하중</td></tr>
</table>

<table>
<tr><th>하중기준</th><th colspan="5">평가기준</th></tr>
<tr><td rowspan="2">AIJ 2004</td><td rowspan="2">$\frac{H}{\sqrt{BD}} \geq 3$</td><td>장방방단면</td><td>원형단면</td><td rowspan="2">I) Building have a uniform rectangular section from the bottom to the top<br>II) $\frac{H}{\sqrt{BD}} \leq 6$<br>III) $0.2 \leq \frac{D}{B} \leq 5$<br>IV) $\frac{U_H}{f_L\sqrt{BD}} \leq 10$</td><td rowspan="2">1) Building have a uniform rectangular section from the bottom to the top<br>II) $\frac{H}{\sqrt{BD}} \leq 6$<br>III) $0.2 \leq \frac{D}{B} \leq 5$<br>IV) $\frac{U_H}{f_T\sqrt{BD}} \leq 10$</td></tr>
<tr><td>- $\frac{H}{\sqrt{BD}} \geq 4$<br>-<br>$\frac{U_H}{f_L\sqrt{BD}} \geq 0.83U_{L_{cr}}$<br>or<br>$\frac{U_H}{f_T\sqrt{BD}} \geq 0.83U_{T_{cr}}$</td><td>$\frac{H}{D_m} \geq 7$<br>$\frac{U_H}{f_L D_m} \geq 0.42$</td></tr>
<tr><td>AS/NZS 2002</td><td colspan="5">형상비(H/min(B or D) ≒ 4이상이면 ->풍하중에 민감한 구조 (wind-sensitive structure)로서 풍하중의 동적응답결과가 구조설계에 반영되어야 함</td></tr>
</table>

## 6.3 각국 하중기준별 가속도응답평가

현재 해외 하중기준들에서 제안하고 있는 가속도 동적응답 평가 기준은 다음 표 12와 같다.

Table 12 각 방향별 가속도 동적응답

| 하중기준 | 풍방향 | 풍직각방향 | 비틀림방향 |
|---|---|---|---|
| ASCE7 - 06 | $\sigma_{\cdot X}(z) = \frac{0.85\Phi(z)\rho BhC_{fx}\overline{V^2_Z}}{m_1}$<br>$I_{\bar{Z}}KR$ | - | - |
| NBCC 1995 | $a_D = 4\pi^2 n^2_D g_P\sqrt{\frac{KsF}{C_e\beta_D}\frac{\triangle}{C_g}}$ | $a_{\cdot y} = n^2_w g_p\sqrt{WD}\left(\frac{a_r}{\rho_B g\sqrt{\beta_w}}\right)$ | - |
| AIJ 2004 | $a_{D_{max}} = \frac{q_H g_{aD}BHC_H C'_g\lambda\sqrt{R_d}}{M_D}$ | $a_{D_{max}} = \frac{q_H g_{aL}BHC_L C'_L\lambda\sqrt{R_L}}{M_L}$ | $a_{D_{max}} = \frac{0.6q_H g_{aT}B^2HC_T C'_T\lambda\sqrt{R_T}}{M_T}$ |

## 6.4 사용성 평가

최근에 이르러 우리나라에 40층 이상의 초고층 주상복합건물이나 아파트, 오피스텔 등이 서울을 중심으로 부산, 신도시 등에 많이 세워지면서, 이러한 고층건물들이 우리나라에 불어오는 태풍과 같은 강풍의 풍하중에 대해 어느 정도 안전한가에 대한 관심이 높아지고 있다.

특히 지난해에 태풍 매미가 우리나라 남부해안을 중심으로 집중호우를 동반하면서 제주 일부지역에선 순간최대풍속 60m/s 전후를 기록하며 상륙함에 따라 건물이나 시설물 등에 입힌 피해는 실로 막대하였다. 태풍 매미는 그 강도나 크기에 있어 그 이전의 어떤 태풍보다도 뒤지지 않았기에, 그로 인한 피해와 더불어 많은 사람의 기억 속에 잊혀지지 않는 태풍으로 남아있을 것으로 보인다.

이와 같이 태풍과 같은 강풍(strong wind)에 의한 피해는 어느 한 곳에 국부적으로 발생되기도 하지만 우리나라의 경우 거의 전 지역에 걸쳐서 발생하기도 하고, 그 피해범위와 크기가 매우 커서 이러한 태풍에 의한 피해는 재해(hazard)로서 다루게 된다. 그런데 우리나라의 경우 태풍과 같은 강풍에 의한 피해사례로서 고층건물에 대한 경우는 그리 잘 알려져 있지 않다. 어느 지역의 어느 고층건물에서 유리창 몇 장이 태풍이 불어 깨진 정도라든가 고층아파트 베란다 새시 유리창이 파손되었거나 새시가 휘어진 정도 등의 국부적인 피해만을 보거나 듣는 정도이고, 시간이 지나면 그 정도의 피해는 대수롭지 않은 것으로 여기고 곧 잊어버리곤 한다. 실제로 우리나라와 같이 고층건물만이 아니라 저층건물이나 단독주택 등도 목재가 아닌 콘크리트나 철골구조 등으로 많이 짓는 경우에는 태풍과 같은 강풍이 불 때 강풍으로 인한 피해는 그리 심하게 못 느끼게 된다. 다시 말하면 태풍과 같은 강풍에 의해 콘크리트나 철골구조로 세워진 고층건물이 구조적으로 불안전해져서 파괴(rupture)되거나 구조적으로 불안정하게 되는 피해사례는 거의 보이지 않는다.

일반적으로 지진하중이나 풍하중과 같은 횡방향 하중에 대한 고층건물의 구조설계시 최상층에서의 횡방향 수평변위(lateral drift)를 구조적 안전(structural safety)을 만족하는 어느 일정한 범위 내에 들도록 설계를 했을지라도, 건물의 상층에 거주하는 거주자들이 주로 느끼게 되는 현기증이나 불쾌감 편두통 등의 발생으로 인한, 소위 말하는 거주자의 사용성의 안전(serviceability safety) 문제가 발생하게 되는데, 이러한 사용성 안전문제의 주요원인이 풍하중에 의한 고층건물의 가속도 응답이라는 사실이 알려지면서 고층건물의 내풍설계시 가속도 응답을 추정해서 설계에 반영하여 구조적 안전뿐만 아니라 사용성 안전을 만족하도록 하고 있다. 이러한 사실은 1988년 미국의 ASCE Task Committee on Drift Control of Steel Building Structures에서도 건물의 구조적 안전의 평가기준이 되는 횡방향 변위에 대한 제한만으로는 건물의 거주자의 사용성 안전을 충분히 만족시킬 수 없으므로, 풍하중에 대한 건물의 가속도 응답이 허용치 이하가 되도록 할 것을 권고하고 있는데에서 알 수 있다. 이러한 풍하중에 의한 사용성의 안전문제는 어떻게 보면 건물의 구조적 안전(structural safety)문제보다 더 중요하게 다루어지게 되며, 건물의 구조시스템이 이러한 사용성 안전조건에 의해 결정되는 경우도 있게 된다. 다시 말하면, 풍하중에 대한 고층건물의 사용성 문제란, 풍하중에 대해 건물이 구조적으로는 안전하게 설계되었을지라도, 풍하중이 건물에 작용할 때 발생하는 적은 진폭의 진동에서도 발생하게 되는 가속도를 건물에 거주하는 거주자가 지각(perception)하게 되면서 신체적으로 느끼게 되는 어지러움이나 현기증, 불안감, 불쾌감 편두통 등이 일어나서 거주자의 거주성능이 만족스럽지 못하게 되는 문제를 말한다.그러므로 풍하중에 대한 고층건물의 사용성 평가는 이러한 거주자의 거주성능을 만족하도록 해서 거주자의 안락감(human comfort)이 보장되도록 건물을 안전하게 설계하기 위한 것이다. 이러한 진동가속도 응답을 이용한 고층건물의 사용성 평가는 일반적으로 건물의 사용용도에 따라서 그 평가기준이 다르게 되는데, 일반적으로 사무실 용도의 건물보다는 주거전용 건물의 경우에 대해 더 엄격한 평가기준, 즉 보다 적은 허용가속도값을 적용하고 있다.

## 6.5 거주자의 가속도 지각한계(perception threshold)

거주자에게 영향을 미치는 풍하중에 의한 건물의 진동효과는 건물의 수평방향 진동가속도응답의 크기로 판단하는 것이 일반적인 방법이다. 수평방향 가속도에 대한 거주자의 반응(human response)은 소위 말하는 조정 가능한 "운동 실험실(moving room experiment)"을 이용한 실험으로부터, 거주자가 가속도를 지각하기 시작할 때나 어지러움이 일어날 때, 현기증이 일어날 때, 균형을 잃게 되거나 할 때 등의 생리적인 반응(physiological response)이 나타날 때의 가속도 크기를 측정해서 얻게 된다. 물론 실측으로 구한 실제 건물의 가속도응답에 기초해서 건물의 거주자들의 반응을 조사하기도 한다. 물론 이런 실험에 근거해서 얻는 데이터에는 건물내 거주자들이 실제로 건물의 진동을 느끼거나 할 때 느끼는 불안감이나 심리적 공포심과 같은 심리적인 요인은 포함되어 있지 못하는 것이 문제로 남아있긴 하다.

일반적으로 거주자가 현기증이나 어지러움과 같은 증상을 지각하게 되는 수평방향 최대 가속도는 약 10~15milli-g 정도로 알려져 있다. 따라서 북미지역에서 제안한 가이드라인에서는 이러한 사용성 평가를 위한 허용최대 가속도 한계값으로, 주거용 건물에 대해서는 10~15milli-g를 사무실용 건물에 대해서는 20~25milli-g를 사용하도록 제안하고 있으며, 더 나아가 이러한 허용최대 가속도값은 평균적으로 10년에 1회 정도 경험할 수 있는 확률적 특성을 갖도록 하고 있는데, 이는 재현기간 10년의 기본풍속을 사용해서 건물의 사용성 평가를 위한 가속도응답을 구하도록 제안하고 있는데서 나타내고 있다.

일본과 같이 태풍의 발생빈도가 많고 강도가 커서 그 피해규모가 큰 경우를 보면, 건물의 사용성 평가를 위한 기준이 다른 어떤 나라보다도 매우 엄격하게 적용되고 있는 것이 현실이다. 다시 말하면, 이 분야에 대한 오랜 기간에 걸친 연구결과에 근거해서 우선 재현기간 1년의 기본풍속을 사용하고 있으며, 건물의 용도별로 그리고 고유진동수의 변화에 따라서 서로 다른 가속도 한계값을 일반인이 진동을 지각하는 단계레벨(perception threshold level)의 가속도 한계값을 사용하고 있다. 사용성 평가기준 구분은 표 13과 같다.

Table 13 사용성 평가기준 구분

| 용도 \ rank | rank 1 | rank 2 | rank 3 |
|---|---|---|---|
| 주거 | H-1 | H-2 | H-3 |
| 사무소 | H-2 | H-3 | H-4 |

그림 3은 거주성능평가곡선에 기초한 고유진동수 1.5Hz 미만 및 2.5Hz 이상의 경우를 나타나고 있다. 곡선에 사용된 식은 식(1)과 같다.

$$\alpha_{\max} = af_1^b \qquad (1)$$

여기서 $\alpha_{\max}$ : 최대 가속도응답 (cm/s$^2$)

$f_1$ : 구조물의 고유진동수 (Hz)

$a, b$ : 상수값(표 14 참고)

Table 14 진동수에 따른 상수값

| 진동수 / 평가곡선 | $0.1 = f_1 \le 0.2$ | | $0.2 = f_1 \le 1.0$ | |
|---|---|---|---|---|
| | a | b | a | b |
| H-1 | 0.4 | -1.0 | 1.00 | -0.43 |
| H-2 | 0.6 | | 1.52 | |
| H-3 | 0.92 | | 2.30 | |
| H-4 | 1.40 | | 3.50 | |

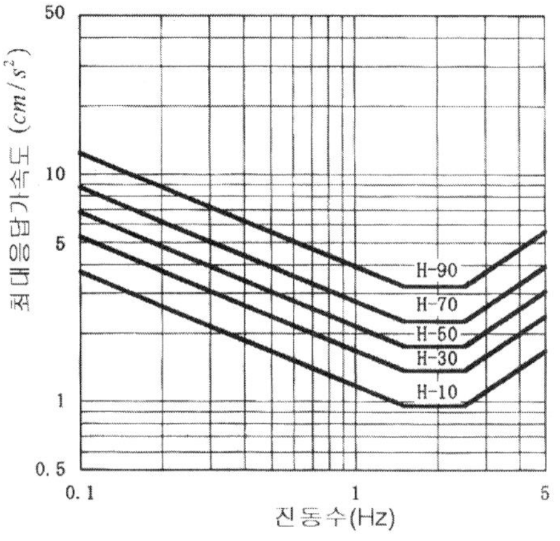


**그림 3** 바람에 의한 수평진동에 관한 성능평가 곡선

그런데 ISO 6897을 적용해서 고층건물의 사용성 평가를 위한 가속도 한계값의 범위를 결정하고자 할 때는 표에 나타나 있는 4종류의 가속도 한계값 중에서 우선 사람이 지각할 수 있는 레벨(perception threshold)의 가속도값을 선택해서 사용해야 함을 알 수 있다. 따라서 표에 나타난 가속도값 중에서 일반성인이 평균적으로 수평방향 진동가속도를 지각할 수 있는 평균지각 레벨단계(average threshold of perception)인 figure 2의 curve 2에 나타난 가속도 한계값을 사용하는 것이 합당하다고 볼 수 있다. 물론 거주자에게 더 나은 거주성능을 제공하기 위해서 보다 더 엄격한 사용성 평가를 적용할 수 있는데, 이때는 최저인지 가속도 한계를 나타내는 figure 2의 curve 1의 한계값을 사용할 수 있다. 그림 4는 ISO에서 제안하고 있는 고유진동수별 가속도 제안범위를 그림으로 나타내고 있다.

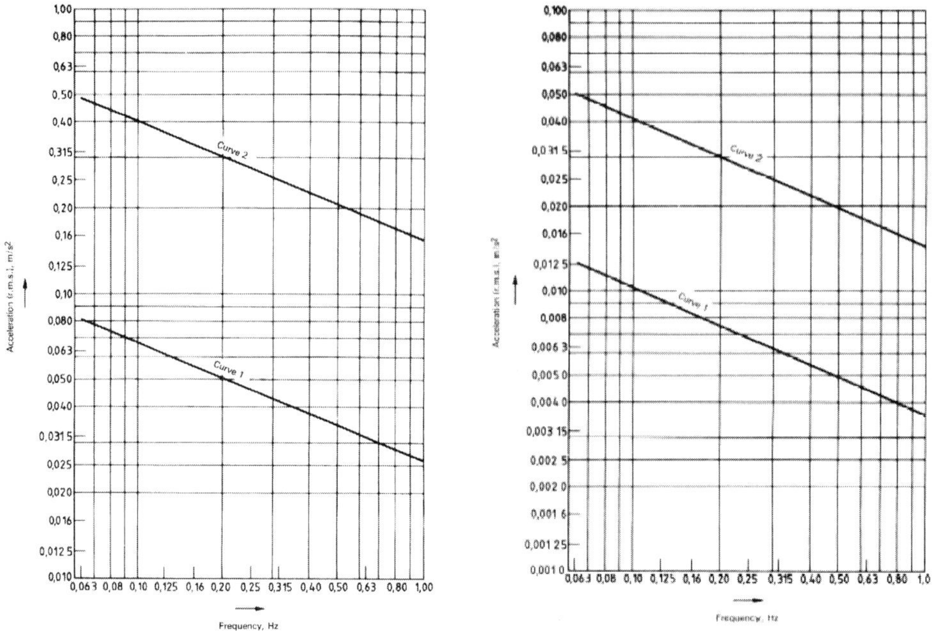

(a) Figure 1 (b) Figure 2

그림 4 ISO 6897 사용성 평가기준 그래프

## 6.6 사용성 평가기준

풍하중에 의한 고층건물의 사용성 평가를 위한 가속도 응답에 기초한 평가기준으로는 미국이나 캐나다 유럽 등에서 보편적으로 사용하는 캐나다 기준(NBCC, 1995)과, 미국 ASCE와 CTBUH에서 공동으로 연구 제안한 "Tentative Guidelines for Evaluating the Acceptability of Wind-induced Motion of Tall Building"이 있으며, 일본기준, ISO 6897, 그리고 유럽의 풍하중 기준(the New European Wind Load Code) 등이 있는데, 이러한 기준들의 차이점을 표 15에 나타냈다.

Table 15 사용성 평가기준

| | 재현기간(풍속) | 가속도 기준 | 허용가속도 한계값(milli-g) |
|---|---|---|---|
| NBCC | 10년 | 최대가속도<br>(peak accel.) | · 주거용; 10<br>· 사무실용; 30 |
| Tentative Guideline | 10년 | 최대합성가속도<br>(peak resultant acceleration) | · 주거용 ; 10-15<br>· 사무실용 ; 20-25<br>· 호텔 ; 15-20 |
| ISO 6897 | 5년 | r.m.s 가속도 | · 주거용, 사무실용 등의 구분이 없음<br>· 고유진동수 변화에 따른 가속도 한계값이 변함. |
| 일본(AIJ) | 1년 | 최대가속도 | · 1 방향에 대해 적용<br>· 주거용, 사무실용 구분이 있음.<br>· 고유진동수 변화에 따른 가속도 한계값이 변함. |

* 최대가속도= $G_P \times$ r.m.s 가속도

여기서 $G_P$ = peak factor 로서 3.0~3.4 값 사용

** 최대합성 가속도를 구하는 방법으로서 아래의 관계식이 일반적으로 사용됨

최대합성 가속도= $G_P \times \sqrt{a_x^2 + a_y^2 + a_z^2}$

여기서 $G_P$ = peak factor로서 3.0~3.5

$a_x, a_y$ = x방향(along-wind), y방향(across-wind) 가속도

$a_z$ = 비틀림방향 가속도

## 6.7 사용성 평가를 고려한 내풍설계

풍하중을 받는 고층건물의 사용성 평가를 안전하게 하기 위해서는 건물의 초기 설계단계(preliminary design stage)에서부터 풍하중에 대한 진동변위만이 아니라 가속도응답을 추정한 후 이러한 가속도응답이 사용성 평가기준을 만족하도록 해야 한다. 만일 추정한 가속도응답이 사용성 평가기준을 초과하게 된다면 초과되는 가속도응답을 줄이기 위한 대책이 마련되어 설계에 반영되어야 한다.

사용성 평가를 위한 가속도응답의 추정시에는 바람이 불어오는 방향인 평균풍속방향(along-wind direction)의 가속도뿐만 아니라, 이와 직각방향인 횡방향(across-wind direction) 그리고 비틀림방향(torsional wind direction)의 가속도가 동시에 발생되며, 거주자도 이들 각 방향으로 동시에 발생되는 가속도를 동시에 지각하게 되지

따로 따로 지각하지 않으므로, 이들 각 방향의 가속도응답을 구한 후 이들의 합성 가속도(resultant acceleration)를 추정해서 사용성 안전여부를 평가하는 것이 합리적이다. 이와 같이 풍하중에 의한 각 방향의 가속도응답을 추정하는데 있어서 이론적인 해석방법으로는 어려움이 있어 주로 경계층 풍동실험(boundary later wind tunnel test)에 의존하게 된다. 풍동실험 중에서 가속도응답을 추정하기 위한 실험으로는 풍력실험(high-frequency force balance test)을 주로 이용하지만, 고층건물의 형태가 매우 세장하거나 평면이 비정형인 경우에는 좀더 정확한 가속도응답추정을 위해 공력 탄성모형실험(aeroelastic model test)을 실시하기도 한다.

그리고 이러한 가속도응답과 같은 동적응답해석(dynamic analysis)이 요구되는 고층건물의 조건으로는, 일반적으로 캐나다 기준(NBCC,1995)에서 제시하고 있는 건물의 세장비(건물의 높이/(건물의 폭이나 깊이 중 적은 값)가 4 이상이거나 높이가 120m를 넘는 건물이 대상이 된다. 사용성 평가를 고려한 내풍설계시, 건물의 사용성능을 보다 높여 거주자의 안락감을 증진시키기 위해 허용가속도 한계를 더 엄격하게 적용시켜 평가한 후 이를 설계에 반영시키기도 한다. 이러한 예로서, 일본의 신 요코하마에 건설된 신 요코하마 프린스호텔(Shin Yokohama Prince Hotel)이 있는데, 이 건물은 높이가 149m, 고유주기가 4.43초인 세장한 건물로서, 설계시 풍하중에 대한 허용가속도 한계값을 0.6cm/sec을 적용했는데, 이 값은 일반인이 진동을 지각할 수 있는 최저가속도 한계값이다. 이러한 엄격한 가속도 기준을 적용시키다보니 건물의 가속도응답이 허용가속도 한계값을 초과하게 되었고, 이렇게 초과된 가속도응답을 줄이기 위한 제진장치로서 T.L.D(Tuned Liquid Damper)를 설계하여 설치하였다.

실제로 우리나라의 경우에 있어서도, 최근 들어 주거용 고층건물이 많이 건설되면서, 풍하중에 의한 고층건물의 사용성 안전에 대한 관심이 매우 높아지고 있다. 지진하중이나 풍하중에 대해 구조적으로는 안전하게 설계되었는데도, 사용성 안전에 문제가 발생되어 전체 구조시스템을 변경하거나 부분적으로 보완하는 경우가 있다.

필자의 경우, 실제의 고층건물의 사용성 안전평가를 위한 풍동실험을 수행하면서 풍하중에 의한 고층건물의 사용성 안전을 검토하는 과정에서 구조시스템이 결정되는 경우를 여러 번 경험하였다. 그러므로 고층건물의 풍하중에 대한 사용성 안전 평가는 고층건물의 사용성 안전뿐만 아니라 구조적 안전평가와도 서로 관련된 문제로서 초기설계단계에서부터 고려해야 할 매우 중요한 문제임을 인식해야 한다.

# 07 우리나라 풍하중 기준의 문제점 요약 및 결론

본 장에서는 제3장의 각국 풍하중 기준의 비교를 토대로 국내 풍하중 기준(KBC-S)의 문제점을 검토하였으며, 앞으로 풍하중 기준의 개선방법 및 개선효과에 대해 기술하였다.

개선 및 개발이 필요한 주요항목에 대해 그 문제점과 개선방향 및 개선효과를 정리하면 다음과 같다.

## 7.1 기본풍속(Basic Wind Speed) ; $V_0$

### 7.1.1 문제점 요약

Update 및 개선이 필요

- 풍관측 시스템에 의한 현지풍 관측 태부족
- 1995년까지의 기상자료 및 기상대 주변상황에 의해 기본풍속을 산정되었기 때문에 최근의 이상기상으로 인한 강풍을 포함시켜야 함.
- 급격한 도시화로 인한 지표면 상태변화를 반영하고 있지 못함.
- 태풍에 따른 기상특성을 비교적 반영하고 있지 못함.
- 기본풍속은 5m/s 간격으로 나타내어져 있어 등급별 하중의 격차가 심함.

### 7.1.2 개선효과

- 최근 풍속자료를 포함으로써 기상변화 특성을 반영할 수 있음.

- 기상대 주변의 상황을 반영함으로써 도시화로 인한 지표면의 상태변화에 따른 영향을 반영할 수 있음.
- 풍속의 등급을 작게 함으로써 등급간 하중의 격차를 줄여 경제적인 내풍설계가 가능해짐.
- 도심지 시공간 풍관측 및 태풍 시뮬레이션을 통한 보다 현지에 맞는 내풍설계 개선효과

### 7.1.3 결론

- 풍관측 시스템 개발 구축으로 풍속기록 자료를 반영하여 기본풍속 설정
- 최근까지의 풍속자료 및 기상대 주변의 상황을 반영하여 재평가
- 도심지 시공간 풍관측으로 기본풍속 보정 개선
- 태풍 시뮬레이션을 통한 태풍 특성을 반영한 기본풍속 개선
- 등급을 2~3m/s 간격으로 세분화시킨 기본풍속을 제시

## 7.2 풍속의 고도분포계수(Wind Speed Exposure Coefficient) ; $K_{zr}$

### 7.2.1 문제점 요약

- Update 및 개선이 필요
- 풍관측 시스템에 의한 현지풍 관측 태부족
- 태풍에 따른 기상특성을 비교적 반영하고 있지 못함.
- 현행 풍속의 고도분포계수는 외국의 기준을 참고로 정해진 것임.
- 한국지표면에 대한 풍속의 고도분포를 측정한 예가 없음.
- 한국을 대표할 수 있는 지표면 상태를 분류하고, 그 지표면에 상응하는 풍속의 고도분포를 사용해야 할 것임.

### 7.2.2 개선효과

- 고도분포계수에 따라 설계풍속 값은 매우 달라짐. 한국의 지표면 상황에 맞는 풍속을 지상 높이별로 정확하게 예측하여 사용할 수 있을 것임.

- 한국의 풍특성에 맞는 난류강도, 연직분포지수, 경도 풍높이 평가가 가능함
- 도심지 시공간 풍관측 및 태풍 시뮬레이션을 통하여 보다 현지에 맞는 내풍설계 개선 효과

### 7.2.3 결론

- 한국을 대표할 수 있는 지표면 상태를 4가지 정도로 구분
- 풍관측 시스템 개발 구축으로 풍속기록 자료 반영하여 고도분포계수 설정
- 도심지 시공간 풍관측으로 고도분포계수 보정 개선
- 태풍 시뮬레이션을 통한 태풍특성을 반영한 고도분포계수 개선
- 그 지표면에 상응하는 풍속의 고도분포, 난류강도, 대기 경계층의 시작높이, 경도 풍높이를 도플라소다 등에 의한 실관측을 통하여 평가한 후 한국 지표면 상황에 부합되는 고도분포계수를 채용해야 할 것임

## 7.3 풍향계수(Wind Direction Factor)

### 7.3.1 문제점 요약

- 규정이 없으므로 개발이 필요함
- 전풍향에 대하여 동일한 확률의 풍향빈도를 사용하고 있음
- 풍관측 시스템에 의한 현지풍 관측 태부족
- 태풍에 따른 기상특성을 비교적 반영하고 있지 못함
- 지역에 따라 강풍의 발생 풍향이 다름
- 전 풍향에서 강풍이 불어올 확률이 같으므로 풍속이 과대평가될 우려 있음.

### 7.3.2 개선효과

- 한국은 사계절이 뚜렷하여 지역별로 주된 풍향이 있음. 따라서 풍향계수를 도입하면 설계시 풍속의 레벨이 저감되는 경제적인 효과를 가져 올 것임.
- 풍관측 시스템 및 태풍 시뮬레이션을 통하여 보다 현지에 맞는 풍향 설정으로 내풍설계 개선효과

#### 7.3.3 결론

- 기상대의 풍향풍속자료에 의거하여 주요 8풍향에 대한 풍향계수를 지역별 제시함
- 풍관측 시스템 개발 구축으로 풍속기록 자료 반영하여 풍향계수 설정
- 태풍 시뮬레이션을 통한 태풍 특성을 반영한 풍향계수 개선
- 풍향계수는 저감계수로서 전풍향에 대한 주풍향의 비율로 정의함

### 7.4 지형에 의한 풍속 할증계수 ; $K_{zt}$

#### 7.4.1 문제점 요약

- Update 및 개선이 필요
- 풍관측 시스템에 의한 현지풍 관측 태부족
- 태풍에 따른 기상특성을 비교적 반영하고 있지 못함.
- 풍속 할증범위 내에 있는 경우에는 수평 및 수직거리에 상관없이 동일한 할증계수를 사용하므로 과다한 풍속을 사용할 우려가 있음.

#### 7.4.2 개선효과

- 경사지, 언덕, 산 등에 있어서 임의 높이, 임의 수평거리에서의 풍속증가를 정확하게 예측할 수 있을 것임.
- 풍관측 시스템 및 태풍 시뮬레이션을 통하여 보다 현지에 맞는 할증 구현으로 내풍설계 개선효과

#### 7.4.3 결론

- 경사지, 2차원산지, 3차원 산지의 풍속할증에 관한 다양한 풍동실험을 실시하고, 결과를 분석하여 풍속할증을 경사각, 수평거리, 수직거리를 변수로 하는 수식으로 제안하는 것이 편리할 것임.
- 풍관측 시스템 개발 구축으로 풍속기록 자료를 반영하여 지형효과 개선
- 태풍 시뮬레이션을 통한 태풍특성을 반영한 할증계수 개선

## 7.5 가스트 영향계수(Gust Effect Factor) ; $G_f$

### 7.5.1 문제점 요약

- gust loading factor로 교정이 필요
- 구조골조와 지붕골조는 동적 거동의 특성이 다르므로 진동에 의한 변위응답 특성이 다름. 따라서 가스트 영향계수는 달리 적용하는 것이 바람직함.
- 가스트 영향계수는 준정적해석에 의하여 변동변위에서 변동하중의 특성을 평가하여 평균하중으로부터 최대하중을 평가할 수 있도록 해주는 일종의 환산계수이다. 근본적으로 변위로부터 유도되었기 때문에 하중의 특성을 직접 반영하고 있다고 보기 힘들다.

### 7.5.2 개선효과

- 평균풍하중에 환산계수로 곱하여 최대풍하중으로 환산하는 것이 가스트 영향계수이고 변위에 근거하여 정식화 되었다.
- 건물의 최상층 진동변위응답 특성을 준정적해석에 의해 하중으로 평가한 가스트 영향계수보다는 건물에 작용하는 하중인 밑면 휨모멘트에 근거하여 하중을 직접 평가한 가스트 하중계수(gust loading factor)가 하중의 특성을 직접 반영한 것이므로 보다 합리적임.

### 7.5.3 결론

- 풍력실험 결과에 의해 하중으로서 얻어지는 건물의 밑면 휨모멘트에 근거하여 가스트 하중계수(gust loading factor)를 직접 정식화함.

## 7.6 가스트 내압계수(Gust Internal Pressure Coefficient) ; $GC_{pi}$

- 7.6.1 문제점 요약
- Update 및 개선이 필요
- 밀폐형 건축물에 대한 가스트 내압계수만을 규정하고 있음.
- 가스트 내압계수는 건물의 밀폐 정도에 따라 매우 상이하게 나타나기 때문에

일부 개방형 건축물 및 개방형 건축물의 합리적인 평가가 불가능함.

### 7.6.2 개선효과

- 제안된 가스트 내압계수의 활용으로 밀폐형 건축물뿐만 아니라 일부 개방형 및 개방형 건축물의 풍하중을 합리적으로 평가할 수 있을 것임.

### 7.6.3 결론

- 건축물의 밀폐 정도에 따른 풍압(실내압)실험결과를 통해, 밀폐형 건축물뿐만 아니라 일부 개방형 및 개방형 건축물에 적용할 가스트 내압계수를 제안함.

## 7.7 풍직각방향(Across-wind)과 비틀림방향(Torsional-wind)의 풍하중 산정방법

### 7.7.1 문제점 요약

- 규정이 없으므로 개발이 필요함.
- 풍방향에 대한 풍하중 평가방법만을 규정하고 있음.
- 일반적으로 세장한 고층건축물인 경우에는 풍직각방향 풍하중이 풍방향 풍하중보다 커지기 때문에 풍직각방향 풍하중을 반드시 평가해야 함.
- 세장한 고층건축물인 경우 비틀림방향의 풍하중도 무시할 수 없음.

### 7.7.2 개선효과

- 정형적인 형상을 가진 단독으로 세워진 고층건축물의 경우에는 풍직각방향, 비틀림방향의 풍하중을 풍동실험을 실시하지 않고 제안된 평가식에 의하여 효율적으로 산정할 수 있을 것임.

### 7.7.3 결론

- 폭과 높이비 및 지표면 상태를 변수로 한 많은 종류의 풍력실험을 실시하여, 그 결과를 분석한 후 풍직각방향, 비틀림방향에 대한 풍하중의 평가식을 정식화하여 제시함.

## 7.8 수평풍하중의 하중조합 방법(Combination of Horizontal Wind Loads)

### 7.8.1 문제점 요약

- 규정이 없으므로 개발이 필요함.
- 태풍과 같은 극한풍하중에 대한 하중조합방법 개발이 필요함.
- 강풍이 분 경우 풍하중은 풍방향으로만 작용하는 것이 아니고, 풍방향, 풍직각방향, 비틀림방향으로 풍하중이 동일시간에 일정 비율로 배분되어 동시에 작용하기 때문에 실제 구조설계를 할 경우에는 이를 고려하여 건축물의 구축별로 동시에 적용해야 할 풍하중의 분배방법이 필요하나 현행 KBC-S에서 제시되어 있지 않음.

### 7.8.2 개선효과

- 바람에 의해 건축물에 가해지는 수평하중인 풍하중을 동일 시간에 구조축에 합리적으로 배분시킬 수 있으므로 경제적인 최적의 풍하중을 평가할 수 있을 것임.
- 태풍과 같은 극한풍하중에 대한 하중조합방법으로 합리적 풍하중 제시

### 7.8.3 결론

- 풍력실험을 실시하여 풍방향, 풍직각방향, 비틀림방향으로 풍하중이 동일 시간에 어떻게 배분되는지에 대한 시계열 데이터를 조사, 분석, 정량화하여 건축물의 수평 구축별 풍하중 비율을 평가하여 수평 풍하중의 조합방법(load combination case)을 제시함.
- 태풍과 같은 극한풍하중에 대한 하중조합방법 개발이 필요하며 합리적인 수평하중 평가 가능

## 7.9 건물의 규모에 따른 풍하중 산정법 구분

### 7.9.1 문제점 요약

- 규정이 없으므로 구분개발이 필요함.
- 풍속레벨별 풍피해 또는 풍하중에 대한 구체적 제시 미흡
- 건축물의 규모에 상관없이 정산법(analytical method, detailed method)을 사용하도록 하고 있음.
- 건축물의 규모가 작을 경우에는 손쉬운 산정법을 제시할 필요가 있음.
- 풍하중 산정방법 및 적용에 대한 카테고리 정립 개발이 필요함.
- 바람에 민감한 건축물, 특수건축물 등 기준에 의하여 풍하중을 평가하기 힘든 경우(기준을 적용하기 힘든 경우)에는 풍동실험(wind tunnel test)에 의하도록 명확하게 규정할 필요가 있음.

### 7.9.2 개선효과

- 규모가 작은 강체 건축물은 약산법(simplified method)에 의해 풍하중을 손쉽게 평가할 수 있고, 일반적이고 정형적인 건축물은 기준을 적용하여 정산법(analytical method, detailed method)으로 평가할 수 있으며, 기준을 적용하기 힘든 특수한 건축물의 경우에는 풍동실험(wind tunnel test)에 의하여 합리적으로 풍하중을 평가할 수 있을 것임.
- 풍속레벨별 풍피해 또는 풍하중에 대한 구체적 가이드라인 제시로 국민적 이해도 제고

### 7.9.3 결론

- 건축물의 규모가 작은 경우(높이 45m 이하)에는 도표 등에 의하여 손쉽게 풍하중을 평가할 수 있도록 약산법(simplified method)을 제시
- 건축물의 규모가 큰 경우(높이45m 이하)에는 정확한 산정법에 의하여 풍하중을 평가할 수 있도록 정산법(analytical method, detailed method)을 제시
- 바람에 민감한 건축물, 비정형적인 건축물, 지형 및 인접 건물의 수속효과 등에 의해 해적인 방법으로는 풍하중을 평가할 수 없을 때에는 풍동실험(wind tunnel test)에 의하도록 규정함.

- 풍속레벨별 풍피해 또는 풍하중에 대한 구체적 가이드라인 제시
- 풍하중 산정방법 및 적용에 대한 카테고리 정립 개발로 내풍설계의 가이드라인 제시함.(풍동실험에 의한 내풍설계의 카테고리 및 적용범위, CFD에 의한 내풍설계의 카테고리 및 적용범위, 실측에 의할 경우의 내풍설계의 카테고리 및 적용범위)

## 7.10 외장재 설계용 가스트 외압계수

### 문 제 점

- Update 및 개선이 필요
- 최근 신축되고 있는 다양한 평면형상을 지니고 있는 비정형 건축물에 대해 기준에서 제시하고 있는 풍압계수를 적용하는 것은 한계가 있음.
- 건물배치 형상, 인접건물 등에 의해 대상 건축물에 작용하는 외장재용 풍하중이 크게 달라지나 기준에서는 이러한 특성을 반영하지 못하고 있음.
- 기준에서는 건물 높이 20m를 기준으로 20m 이상의 장방형 평면을 가진 건축물과 20m 이하의 지붕구조를 지닌 저층건축물로 구분하여 외장재 설계용 풍압계수를 규정하고 있어 최근 실제 건설되고 있는 다양한 높이의 건축물에 대해 기준에서 제시하고 있는 풍압계수를 적용하는 것은 한계가 있음.
- 기준에서는 원형평면 및 원형지붕(돔, 원호 등) 등을 지닌 건축물에 대한 외장재 설계용 풍하중 산정에 필요한 외장재용 풍압계수가 제시되어 있지 않아 이러한 구조물에 대한 외장재용 풍하중 평가가 불가능함.

### 개선방안

- 최근 신축되고 있는 비정형 건축물에 대한 풍압계수 제시 및 기준에 포함.
- 건물배치 형상, 인접건물 등에 의한 효과를 반영할 수 있는 방안을 제시.
- 실제 건설되고 있는 건축물의 규모를 고려하여 기준 높이의 변화 유도.
- 원형평면 및 원형지붕(돔, 원호 등) 등을 지닌 건축물에 대한 풍압계수 제시.

### 개선효과

- 실제 건설되고 있는 건축물 현황이 반영되어 합리적인 풍압 평가가 가능.
- 건물배치 형상, 인접건물 등에 의한 효과가 반영됨으로써 합리적인 풍압 평가가 가

능.

- 실제 다수 건설되고 있는 원형평면 및 원형지붕(돔, 원호 등) 등을 지닌 건축물에 대한 합리적인 풍압 평가가 가능.

## 7.11 외장재 설계용 풍하중

**문 제 점**

- Update 및 개선이 필요
- 외장재 설계용 풍하중 평가결과는 최종적으로 외장재 설계 및 설치를 위한 MOCK–UP TEST 등에 기본자료로서 활용되나 이에 대한 구체적인 언급이 없는 실정임.
- 기준에서는 국부적으로 크게 작용하는 일부 외장재의 합리적인 설계용 풍하중 산정을 위한 국부풍압 저감계수 등이 제시되어 있지 않아 합리적인 외장재용 풍하중 평가가 불가능함.

**개선방안**

- MOCK-UP TEST 등에 외장재 설계용 풍하중 평가결과를 반영하는 방안을 제시.
- 국부적인 외장재 설치부위에 적용하기 위한 국부풍압 저감계수 등의 제시.

**개선효과**

- 외장재 설계용 풍하중 평가결과를 MOCK-UP TEST 등에 반영하는 방안을 제시함으로써 평가결과의 실제 적용에 따른 혼란을 방지하고 보다 합리적인 외장재 시공이 가능해짐.
- 국부풍압 저감계수 등의 적용에 따른 보다 안전하고 합리적인 외장재 설계가 가능해짐.

## 7.12 바람에 의한 동적 영향

### 7.12.1 문제점 요약

- Update 및 개선이 필요

- 강풍의 작용에 의해 풍직각방향 진동, 비틀림 진동, 와류 진동 및 공기력 불안정 진동 등이 예상되는 건축물은 풍동실험에 따르도록 하고 있으나, 풍동실험을 실시해야 할 건물의 규모 및 거동특성을 명확하게 규정하고 있지 않음.

### 7.12.2 개선효과

- 풍동실험을 실시해야 할 규모를 명확하게 제시하여 실무자들의 혼선을 방지함.

### 7.12.3 결론

- 건축물의 진동으로 풍하중의 효과가 과다해지는 현상인 풍직각방향 진동, 비틀림 진동, 공기력 불안전 진동이 예상되는 건축물의 규모(건물높이 H/건물폭 B)와 거동특성(고유진동수, 주기)을 정량적으로 명확하게 제시함.

## 참고문헌

1. Structural Engineering Institute of the American Society of Civil Engineers, "American Society of Civil Engineers, Minimum Design Loads for Buildings and Other Structures" Chapter 6 Wind Loads, 2006
2. National Research Council of Canada 1996, User's Guide-NBC 1995 Structural Commentaries(Part 4), Commentary B Wind Loads, 1996
3. Association of Consulting Engineers Australian, etc., "Australian/New Zealand Standard, Structural Design Actions", Part 2 : Wind Actions, 2002
4. 日本建築學會, "建築物荷重指針·同解說", 6章 風荷重, 2004
5. International Standard Organization, "International Standard, Wind Actions on Structures", 1997
6. 대한건축학회, "건설교통부고시 건축구조설계기준", 2005

# 지진하중

# 01 일반사항

현행 KBC 2005 내진기준의 문제점을 정리해 보면 다음과 같다.

## 1.1 반응수정계수

반응수정계수에 대한 보완 및 한국적 실정에 맞는 계수가 요구된다. IBC 2000에서도 적용되고 있는 반응수정계수는 이론적 근거가 빈약하다. 평면과 입면의 형상의 고려 없이 주어진 모든 골조에 대해서 동일한 R값을 적용하는 것은 불합리할 것이다. 지진피해의 일관된 피해수준을 확보하기 위해서도 R값은 건물의 고유주기와 지반종류를 모두 고려해야 할 것이다.

각 시스템별로 연성수준이 다르므로 반응수정계수가 각 시스템별 특성을 고려한 것이어야 하며, 반응수정계수에는 구조물의 여유도에 대한 영향을 정확히 포함할 수 있어야 한다. 실제로 실무자들은 반응수정계수를 적용함에 있어 상당한 혼란을 갖고 있는 것이 현실이다. 이에 대한 상세한 예와 설명의 보완이 필요하다.

또한 IBC 2000에서는 다양한 특수 시스템을 규정하여 반응수정계수를 높임으로써 설계하중을 감소시킬 수 있는 방안을 마련하고 있으나, 우리의 경우 특수 구조 시스템의 내진상세와 관련된 기준이 마련되어 있지 않아 지진하중은 상당히 증가하였으나 선택적으로 지진하중을 감소시킬 수 있는 길이 열려 있지 않은 것도 문제라고 할 수 있다.

| 횡력 저항시스템 | IBC 2000 | | KBC 2005 | |
|---|---|---|---|---|
| | System | R | System | R |
| 내력벽 | 특수전단벽<br>보통전단벽 | 5.5<br>4.5 | 전단벽 | 4.5 |
| 건물골조 | 특수전단벽<br>보통전단벽 | 6<br>5 | 전단벽 | 5 |
| 모멘트골조 | 특수 MRF<br>중간 MRF<br>보통 MRF | 8<br>5<br>3 | 중간 MRF<br>보통 MRF | 5<br>3 |
| 이중골조 | 특수전단벽<br>+특수 MRF<br>+중간 MRF<br>보통전단벽<br>+특수 MRF<br>+중간 MRF | <br>8<br>6<br><br>7<br>5.5 | 전단벽+중간 MRF | 5.5 |

현행 기준(KBC-2005)은 모멘트 저항골조시스템에 대한 반응수정계수를 선택함에 있어서 중간철골모멘트 저항골조, 특수철골모멘트 저항골조, 보통철골모멘트 저항골조에 대한 반응수정계수에 대한 정의되어 있지 않다. 따라서 이에 대한 보완·보강연구 및 대책이 필요하다.

## 1.2 건물 골조시스템

현행 KBC 2005는 건물의 높이제한과 특수내진 상세규정, 여유도의 규정을 제외함으로써 IBC 2000의 내진설계 개념을 제대로 반영하지 못하고 있다. 이를 위해서는 위의 세 가지 사항을 반영하는 것이 설계개념에 적합한 것으로 판단된다.

그 예를 보면, 아래의 표에서 보는 바와 같이 보통 상세의 건물골조가 40층까지 허용된다는 것이다. 이러한 허용은 성능기반설계 개념을 도입한 IBC 2000의 기본적인 틀을 무너트리는 결과를 초래한다. 또한 비지진 저항골조에 대한 변형 적합성 요구조건을 도입하였으나, 그에 관한 설계규정이 없는 것도 문제점으로 지적되고 있으며, 이는 2006년부터 철근콘크리트구조에 도입될 예정이다.

| 기준 | IBC 2000 | | | | | | | | KBC 2005 | | |
|---|---|---|---|---|---|---|---|---|---|---|---|
| 횡력저항 시스템 | 구조시스템 | R | Ω0 | 시스템 제한 | | | | | 구조 시스템 | R | Ω0 |
| | | | | A,B | C | Dd | Ee | F | | | |
| 내력벽 | 특수전단벽<br>보통전단벽 | 5.5<br>4.5 | 2.5<br>2.5 | N.L.<br>N.L. | N.L.<br>N.P. | 49<br>N.P. | 49<br>N.P. | 49<br>N.P. | 전단벽 | 4.5 | 2.5 |
| 건물골조 | 특수전단벽<br>보통전단벽 | 6<br>5 | 2.5<br>2.5 | N.L.<br>N.L. | N.L.<br>N.P. | 49<br>N.P. | 49<br>N.P. | 49<br>N.P. | 전단벽 | 5 | 2.5 |

KBC 2005 내진기준은 IBC 2000을 인용한 것으로 이중골조시스템에서 공간골조의 의미가 불분명하고, 지반특성을 구분하는 방법이 지하층이 많은 우리나라의 건물에 적용하기에는 불확실하다. 이와 같은 사항은 우리나라의 현실에 적용할 수 있도록 명확하게 제시할 필요가 있다.

이중골조시스템은 횡변위가 작은 내진설계 범주 A, B에 속하는 건물에는 적용되기 어려운데, UBC에 규정되어 있다가 IBC, KBC에 빠진 전단벽-골조 상관시스템을 도입하는 것이 우리 실정에 맞는다는 지적도 있다.

현행기준의 특수모멘트 저항골조, 보통모멘트 저항골조, 중간모멘트 저항골조에 대한 성능기준(최대 소성 로테이션 혹은 최대 Drift 등)이 정의되어 있지 않아서 정의가 쉽지 않고 무분별한 사용이 예측된다. 보완연구가 추가되어야 할 것이다. AISC 2002 Seismic Provision을 통한 보완이 필요할 것이다.

현행기준의 지진저항력 시스템의 항목은 원칙적으로 전단벽-골조상관시스템(Shear Wall Frame Interaction System)이 포함되어 있지 않지만 우리나라와 같은 약진지역에 사용이 가능하도록 하는 것이 합리적일 것이다. 이 시스템은 모든 층에서 중력은 분포면적만큼 분배되고 횡력은 두 시스템간의 상호작용을 고려하여 강성비에 따라 분배하는 시스템을 말한다. IBC 2000에서는 전단벽-골조의 상관시스템은 중간모멘트 골조를 갖는 이중골조 내의 하부시스템으로 단지 내진설계 범주 A 또는 B의 건물에 허용하고 있다. 연구후 보완이 필요하다.

구조실무자들은 IBC 2000에서는 전단력을 받는 전단벽에 축력이 과다하게 작용하는 경우를 방지하기 위해서 전단벽의 최대 압축응력이 0.2 Fck 를 초과하는 경우에는 전단벽 단부에 기둥과 같이 거동하는 경계요소를 설치하도록 되어 있으나 현기준에는 포함되어 있지 않다고 말하고 있다. 초고층의 철근콘크리트구조물에 철근콘크리트 코어와 플랫플FP이트로 구성된 골조가 많이 적용되는 국내에서 시스템의 안전을 위해서 추가해 봄도 바람직하다.

## 1.3 지반 및 지진력

지반분류를 살펴볼 때, SB에 해당되는 건물 골조시스템을 예로 들면, 단주기(1초 미만)에서는 신 기준이 상당히 큰 값을 가지고 1초에서 5초에 해당하는 장주기에 대해서는 구 기준에 비해 작은 현상이 발생하는 등 지반의 분류에 따른 구조시스템별로 일관된 기준의 적용이 나타나고 있지 않다. 신중히 접근하여 보완이 필요할 것이다.

IBC와 KBC 기준에서는 상부 30m 지반특성의 평균값으로 지반을 분류하고 있으나, 이것은 지하층이 발달하지 않은 미국의 경우에 해당하는 것이고, 지하 깊숙이 들어가는 우리의 경우는 부적절하다는 지적도 있다.

현 기준에 의하면, 밑면 전단력에서는 약간의 차이를 보이는 것으로 보이나 사용성 측면의 Drift를 비교하면 확연히 차이가 난다. 약 30%~40% 정도의 횡변위 증가가 발생하는 사례가 있다고 실무자들은 보고하고 있으므로 KBC-2005 사용 시 충분한 예제집의 검토 및 주의에 대한 연구보완 후 적용이 필요할 것이다.

전체적으로 한국의 현행 기준은 2400년 최대 주기의 2/3 수준의 지진력을 택한 것이다. 이는 기존의 500년 주기를 택한 값보다 훨씬 크게 M 값을 택하도록 되어 있다. 엄밀히 말해서 한국의 지진현황이 축적되어 있지 않고 무조건 IBC 2000의 기준을 채택하여 사용하다보니 발생하는 현상이라 말할 수 있다. 따라서 약진지역에 적합한 한국적 지진력을 고려하여 내진기준을 권장하는 것이 바람직하고 이에 대한 보완도 고려해봄직 하다고 판단된다.

내진공학관련 연구가 계속됨에 따라 IBC 2000 기준도 변화하고 있다. KBC 2005도 이로 인한 기준의 변화과정을 검토한 후 선별하여 반영해야 할 것이다.

# 02 하중 비교 및 Response Spectrum

## 2.1 하중조합

### 2.1.1 일반사항

내진기준 (KBC 2005)은 내진설계시 적용해야 할 최소한의 지진하중 및 하중조합을 포함하는 것이다. 이 기준의 하중 및 하중조합은 허용응력도설계 및 강도설계(극한강도설계나 한계상태설계)에 적용할 수 있도록 하고 있다.

KBC 2005에서 지진하중은 강도설계를 기초로 제안하였기 때문에 극한강도설계나 한계상태설계를 수행할 경우, 지진하중 계수는 1을 사용하고 허용응력도설계를 수행할 경우 지진하중계수는 1보다 작은 계수를 사용하는 것이 타당하다.

기존 기준인 건설교통부제정 "건축물 하중기준 및 해설 (2000)" 에서는 허용응력도를 기초로 한 지진하중을 사용하고 있으며, 하중조합은 다음과 같다.

(1) 허용응력설계

$$D + L + E \tag{2-1}$$

(2) 철근콘크리트 극한강도설계

$$0.75\ (1.4D + 1.7L + 1.8E) \tag{2-2}$$

$$0.9D + 1.4E \tag{2-3}$$

(3) 강구조 한계상태설계

$$1.2D + 1.5E + 0.5L + 0.2S \tag{2-4}$$

$$0.9D + 1.5E \tag{2-5}$$

여기서, D는 고정하중, L은 적재하중, S는 적설하중, E는 지진하중이다.

기존 기준에서는 철근콘크리트구조 설계를 위한 극한강도설계나 강구조설계를 위한 한계상태설계는 동일한 강도설계법을 사용함에도 불구하고 지진하중계수가 서로 다르다. 식 (2-2)와 (2-4)에 나타나 있듯이 지진하중계수를 콘크리트구조 설계기준(1999)에서는 1.35 (=0.7×1.8)로 정하고 있으며, 강구조 한계상태설계기준(1995)에서는 1.0으로 정하고 있다. 따라서 건축물 하중기준 및 해설(2000), 콘크리트구조 설계기준(1999), 강구조 한계상태설계기준(1998)에서 사용하는 지진하중계수는 일관성이 결여된 것이라고 할 수 있다.

이에 반하여 KBC 2005는 지진하중을 강도설계를 기초한 수준으로 정하고, 이에 대하여 일관성 있는 하중조합과 하중계수를 정하고 있다.

### 2.1.2 극한강도설계 또는 한계상태설계용 하중의 조합

KBC 2005에서 지진하중은 강도설계를 기초로 제안된 것이다. 따라서 콘크리트구조 설계기준 (1999), 강구조 한계상태설계기준(1998)에서 지진하중을 포함한 하중조합의 지진하중계수는 1.0으로 사용해야 한다.

### 2.1.3 허용응력도설계용 하중의 조합

앞에서도 언급한 바와 같이 지진하중이 강도설계를 기초로 제안된 것이므로 콘크리트구조 설계기준(1999), 강구조 한계상태설계기준(1998)에 따라 허용응력설계를 수행할 경우 지진하중을 포함하는 하중 조합에서 지진하중계수는 1보다 작은 값인 0.7로 한다. 하중조합을 사용할 경우, 각 기준에 따라 허용응력을 증가시킬 수 있다.

### 2.1.4 특별 지진하중 조합

구조물은 일반적으로 설계지진하중보다 더 큰 실제 지진하중을 저항할 수 있는 초과강도를 보유하고 있다. 그런 점에서 초과강도는 구조물에 도움이 된다. 하지만 초과강도가 항상 구조물에 좋은 영향을 미치는 것은 아니다. 예를 들면, 상부는 벽식 구조인데 하부층에서 기둥으로 변경된 경우 큰 지진 발생시 벽체의 초과강도는 기둥의 취성파괴로 이어질 수 있다.

구조물의 일부 요소는 취성적으로 거동하며 큰 초과하중을 받으면 갑작스럽게 파괴될 수 있다. 구조물과 그 구성부재들의 초과강도를 설계과정에서 구체적으로 고려하지 않는다면, 한 부재의 초과강도 발생으로 인접한 부재가 취성파괴될 수 있다. 이를 제어하기 위하여 본 기준에서는 지진하중을 포함한 하중조합에서 특별지진하중 $E_m$을 사용하도록 한다.

특별지진하중, $E_m$은 최대지진하중으로 다음과 같이 산정한다.

$$E_m = \Omega_0 E \tag{2-6}$$

여기서, $\Omega_0$ 시스템 초과강도계수이다.

위 식에서 구한 특별지진하중은 횡력 저항시스템의 다른 부재에 의해 전달될 수 있는 부재의 최대하중을 초과할 필요는 없다.

특별하중 조합은 허용응력도설계에도 적용할 수 있다. 이 경우, 허용응력을 1.7배 증가하고 저항계수 $\phi$를 1.0으로 사용해 설계강도를 결정할 수 있다. 하지만 이러한 증가는 다른 어떤 허용응력의 증가나 하중조합의 감소와 같이 사용해서는 안 된다.

구조물의 초과강도가 구체적으로 고려되어야 하는 경우는 수직 비정형성을 발생시키는 불연속적인 가새골조나 전단벽 하부의 기둥요소 등이 있다. 가새골조와 전단벽의 초과강도는 이러한 기둥에 취성적인 좌굴파괴를 발생시킬 수 있고, 이것은 구조물의 붕괴로 이어질 수 있다.

KBC 2005에는 특별히 지적하지는 않았지만, 연속되지 않은 횡력 저항요소의 하부 전이구조(transfer structure)의 설계, 그리고 전단벽과 가새골조 등의 어긋남으로 인한 격막 내부에 발생할 수 있는 하중에 저항할 수집재(collector element)의 설계는 반드시 주변 부재의 초과강도를 고려할 수 있는 특별지진하중을 고려해야 한다.

## 2.2 지진하중

### 2.2.1 상위기준(내진설계기준연구, 1997)의 설계지진하중 작성

현재 국내에서 사용하는 상위기준은 건교부에서 주관한 내진설계기준연구 I, II (건교부, 1997)이다. 현행 기준에서도 이 상위기준에서 제안한 지진하중을 사용하고 있다. 이 기준에서는 500년 재현주기의 지진재해 지도뿐만 아니라 50년, 100년, 200

년, 1000년 2400년, 4800년의 재현주기에 대한 지진재해 지도를 제공하고 있다.

### 1) 설계지진

지진재해도 해석결과에 근거하여 표 2-1에 기술된 바와 같이 우리나라의 경기도와 강원도 남쪽을 두 개의 지진구역으로 설정하고 있다. 각 지진구역에서의 평균재현주기 500년 지진지반운동에 해당하는 구역계수 (Z)는 구역 I 에서는 0.11, 구역 II에서는 0.07로 정하고 있다.

**표 2-1** 지진구역 구분

| 지진구역 | 행정구역 | |
|---|---|---|
| I | 시 | 서울특별시, 인천광역시, 대전광역시, 부산광역시, 대구광역시, 울산광역시, 광주광역시 |
| | 도 | 경기도, 강원도 남부‡, 충청북도, 충청남도, 경상북도, 경상남도, 전라북도, 전라남도 북동부§ |
| II | 도 | 강원도 북부†, 전라남도 남서부*, 제주도 |

Note : †홍천, 철원, 화천, 횡성, 평창, 양구, 인제, 고성, 양양, 춘천시, 속초시
‡영월, 정선, 삼척시, 강릉시, 동해시, 원주시, 태백시
§ 장성, 담양, 곡성, 구례, 장흥, 보성, 여천, 화순, 광양시, 나주시, 여천시, 여수시, 순천시
* 무안, 신안, 완도, 영광, 진도, 해남, 영암, 강진, 고흥, 함평, 목포시

평균재현주기별 500년이 아닌 경우 구역계수 Z를 조정해야 하는데, 이에 대한 조정계수인 위험계수는 표 2-2에 나타나 있다.

**표 2-2** 위험도계수

| 재현주기 (년) | 50 | 100 | 200 | 500 | 1000 | 2400 |
|---|---|---|---|---|---|---|
| 위험도계수, I | 0.40 | 0.57 | 0.73 | 1 | 1.4 | 2.0 |

또한 시설이 위치할 부지에 대한 지진재해도를 정밀하게 평가하고자 할 경우에는 다음과 같은 등고선 형태의 지진재해지도(그림 2-1)를 제공하여 최대 지진가속도 (PGA)를 결정하고 있다.

Peak Acceleration (%g) with 10% Probability of Exceedance in 5 Years

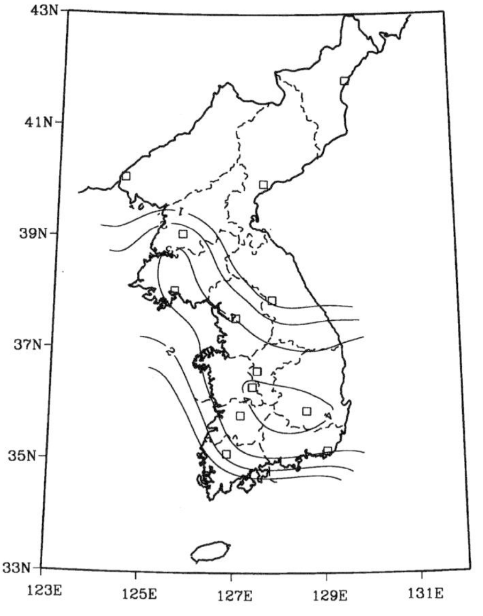


그림 2-1(a)
평균재현주기 50년 지진지반운동

Peak Acceleration (%g) with 10% Probability of Exceedance in 10 Years

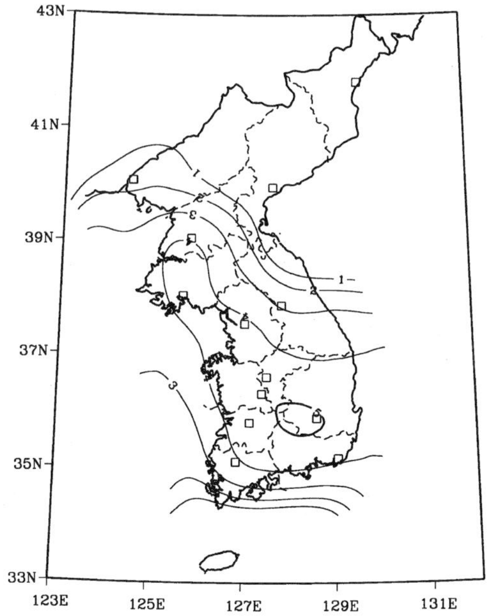


* 점　선 : 도경계
□ 표시 : 대도시 (청진, 신의주, 함흥, 평양, 해주, 춘천, 서울, 청주, 대전, 대구, 전주, 광주, 부산)
도　법 : UTM

그림 2-1(b)
평균재현주기 100년 지진지반운동

Peak Acceleration (%g) with 10% Probability of Exceedance in 20 Years

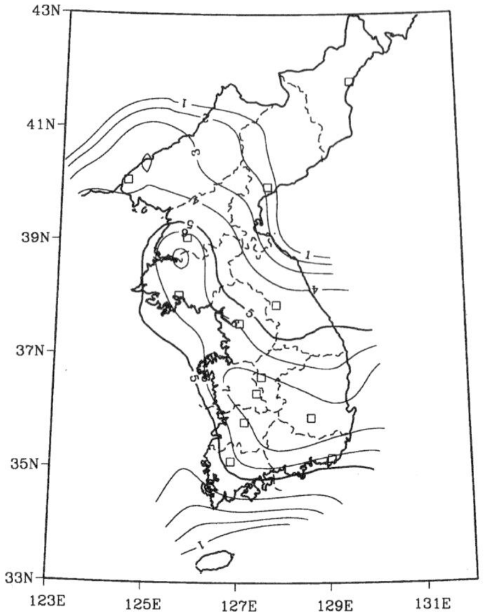


* 점 선 : 도경계
□ 표시 : 대도시 (청진, 신의주, 함흥, 평양, 해주, 춘천, 서울, 청주, 대전, 대구, 전주, 광주, 부산)
도 법 : UTM

그림 2-1 (c) 평균재현주기 200년 지진지반운동

Peak Acceleration (%g) with 10% Probability of Exceedance in 50 Years

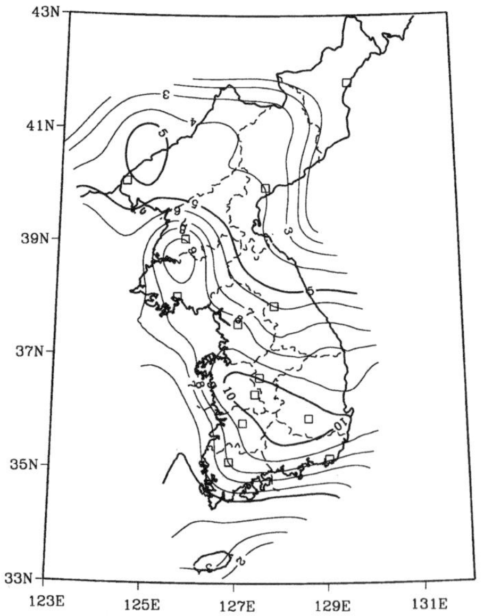


* 점 선 : 도경계
□ 표시 : 대도시 (청진, 신의주, 함흥, 평양, 해주, 춘천, 서울, 청주, 대전, 대구, 전주, 광주, 부산)
도 법 : UTM

그림 2-1(d) 평균재현주기 500년 지진지반운동

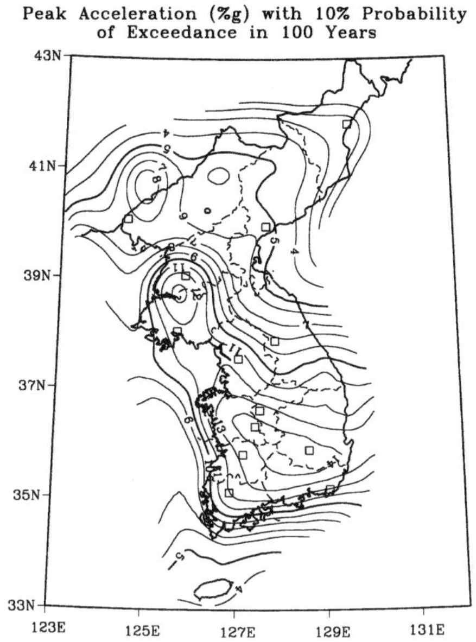


* 점　선 : 도경계
□ 표시 : 대도시 (청진, 신의주, 함흥, 평양, 해주, 춘천,
서울, 청주, 대전, 대구, 전주, 광주, 부산)
도　법 : UTM

그림 2-1(e) 평균재현주기 1000년 지진지반운동

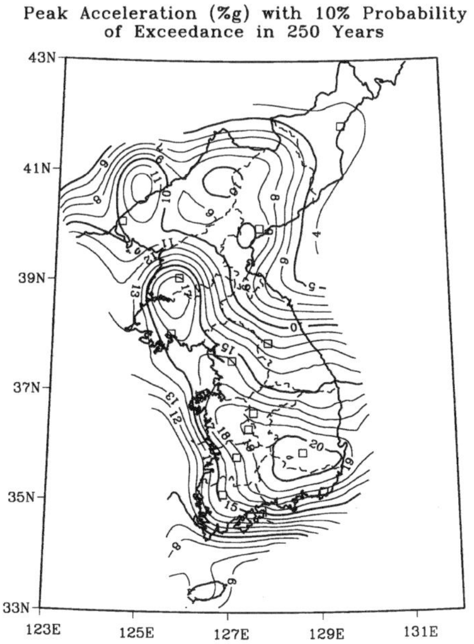


* 점　선 : 도경계
□ 표시 : 대도시 (청진, 신의주, 함흥, 평양, 해주, 춘천,
서울, 청주, 대전, 대구, 전주, 광주, 부산)
도　법 : UTM

그림 2-1(f) 평균재현주기 2400년 지진지반운동

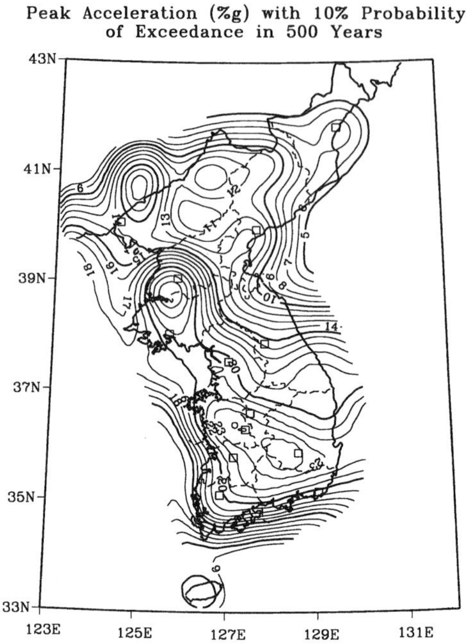


그림 2-1(g) 평균재현주기 4800년 지진지반운동

## 2) 지반의 분류

내진설계기준연구(1997)에서는 지반을 총 6종으로 분류하고 있다(표 2-3).

표 2-3 지반의 분류

| 지반종류 | 지반종류의 호칭 | 상부 30.480m에 대한 평균 지반 특성 | | |
|---|---|---|---|---|
| | | 전단파속도 (m/s) | 표준관입시험 $\overline{N}$ ( $\overline{N}_{CH}$ ) (blow/foot) | 비배수전단강도(kPa), $\overline{s}_u$ |
| $S_A$ | 경암지반 | 1500초과 | - | - |
| $S_B$ | 보통암지반 | 760에서 1500 | | |
| $S_C$ | 매우 조밀한 토사지반 또는 연암지반 | 360에서 760 | 〉 50 | 〉 100 |
| $S_D$ | 단단한 토사지반 | 180에서 360 | 15에서 50 | 50에서 100 |
| $S_E$ | 연약한 토사지반 | 180미만 | 〈 15 | 〈 50 |
| $S_F$ | 부지 고유의 특성평가가 요구되는 지반 | | | |

### 3) 단주기와 장주기 가속도 스펙트럼계수

평균 재현주기 500년 설계지진하중에 대한 지역특성이 고려된 단주기와 장주기 가속도 스펙트럼 계수( $C_a$, $C_v$)는 다음과 같다(표 2-4). 그리고 이 계수들을 이용한 전 주기영역의 가속도 스펙트럼은 그림 2-2와 같다. 여기서 $C_a$는 유효 지반가속도 값이다. PGA와 동일한 값으로 정의하고 있다.

표 2-4(a) 지진계수 $C_a$

| 지반종류 | 지진구역 | |
|---|---|---|
| | I | II |
| $S_A$ | 0.09 | 0.05 |
| $S_B$ | 0.11 | 0.07 |
| $S_C$ | 0.13 | 0.08 |
| $S_D$ | 0.16 | 0.11 |
| $S_E$ | 0.22 | 0.17 |

표 2-4(b) 지진계수 $C_v$

| 지반종류 | 지진구역 | |
|---|---|---|
| | I | II |
| $S_A$ | 0.09 | 0.05 |
| $S_B$ | 0.11 | 0.07 |
| $S_C$ | 0.18 | 0.11 |
| $S_D$ | 0.23 | 0.16 |
| $S_E$ | 0.37 | 0.23 |

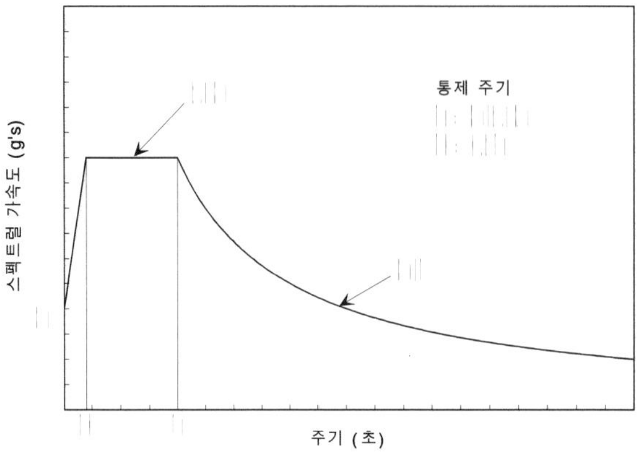


**그림 2-2** 표준 설계응답스펙트럼

## 2.2.2 KBC 2005 지진하중

우리나라의 내진기준은 1988년에 법제화 된 이후 2000년에 개정이 한 차례 있었고 2005년에 두 번째 개정작업이 이루어졌다. 2005년 개정에서는 IBC (2000)과 매우 유사한 내진설계 방법을 수용하였으며 지진재해도는 내진설계기준연구(대한건축학회, 1997)에서 개발한 것을 수용하였다. 설계지진의 가속도 스펙트럼을 구하는 방법이나 절차는 IBC 2000과 유사하다.

### 1) 지진지역 및 지역계수

우리나라 지진지역 및 이에 따른 지역계수 값은 표 2-5과 같이 구분한다. 이 값은 재현주기 500년 지진에 대한 유효지반 가속도 값이다. 이는 최대 지반가속도 (PGA)와 같은 값으로 내진설계기준연구(1997)에서 정의되어 있다.

**표 2-5** 지진지역 구분 및 지역계수 (A)

| 지진지역 | 행정구역 | 지역계수 (A) |
|---|---|---|
| 1 | 지진지역 2를 제외한 전지역 | 0.11 |
| 2 | 강원도 북부, 전라남도 남서부, 제주도 | 0.07 |

Note : 강원도 북부(군, 시) : 홍천, 철원, 화천, 횡성, 평창, 양구, 인제, 고성, 양양, 춘천시, 속초시
전라남도 남서부(군, 시) : 무안, 신안, 완도, 영광, 진도, 해남, 영암, 강진, 고흥, 함평, 목포시

### 2) 지반의 분류

KBC 2005의 지반의 분류는 IBC 2000과 매우 유사한 분류를 하고 있다. 하지만 IBC 2000에서는 7종류로 분류하는데 KBC 2005에서는 5종으로 분류한다(표 2-6). 즉 IBC 2000의 가장 연약한 지반인 $S_E$와 $S_F$는 KBC 2005에 포함되어 있지 않다.

**표 2-6 지반의 분류**

| 지반종류 | 지반종류의 호칭 | 상부 30m에 대한 평균 지반특성 | | |
|---|---|---|---|---|
| | | 전단파속도 (m/s) | 표준관입시험 $\overline{N}$ (타격횟수/300mm) | 비배수전단강도 $\overline{s_u}$ ($\times 10^{-3}$ N/mm$^2$) |
| $S_A$ | 경암지반 | 1500 초과 | - | - |
| $S_B$ | 보통암지반 | 760에서 1500 | | |
| $S_C$ | 매우 조밀한 토사지반 또는 연암지반 | 360에서 760 | > 50 | > 100 |
| $S_D$ | 단단한 토사지반 | 180에서 360 | 15에서 50 | 50에서 100 |
| $S_E$ | 연약한 토사지반 | 180미만 | < 15 | < 50 |

### 3) 설계가속도 스펙트럼

단주기와 주기 1초의 설계스펙트럼 가속도 $S_{DS}$, $S_{D1}$은 다음 표에서 구할 수 있다.

**표 2-7(a) 단주기 설계스펙트럼 가속도 $S_{DS}$**

| 지반종류 | 지진지역 | |
|---|---|---|
| | 1 | 2 |
| $S_A$ | 2.0M†A | 1.8MA |
| $S_B$ | 2.5MA | 2.5MA |
| $S_C$ | 3.0MA | 3.0MA |
| $S_D$ | 3.6MA | 4.0MA |
| $S_E$ | 5.0MA | 6.0MA |

Note : †M=1.33 (이 경우 스펙트럼 가속도의 크기는 재현주기 2400년에 대한 2/3 수준의 극한하중임)

**표 2-7(b) 주기 1초의 설계스펙트럼 가속도 $S_{D1}$**

| 지반종류 | 지진지역 | |
|---|---|---|
| | 1 | 2 |
| $S_A$ | 0.8MA | 0.7MA |
| $S_B$ | 1.0MA | 1.0MA |
| $S_C$ | 1.6MA | 1.6MA |
| $S_D$ | 2.3MA | 2.3MA |
| $S_E$ | 3.4MA | 3.4MA |

### 4) 설계가속도 스펙트럼 곡선 작성

설계지진의 가속도 스펙트럼은 다음 식에 따라 구한다. 따라서 IBC 2000과 동일한 형태의 설계지진의 가속도 스펙트럼 곡선을 제안하고 있다(그림 2-3).

(1) $T \leq T_0$일 때, 스펙트럼 가속도 $S_a$는 식 (2-7)에 의한다.

(2) $T_0 \leq T \leq T_S$일 때, 스펙트럼 가속도 $S_a$는 $S_{DS}$와 같다.

(3) $T > T_S$일 때, 스펙트럼 가속도 $S_a$는 식 (2-8)에 의한다.

$$S_a = 0.6 \frac{S_{DS}}{T_o} T + 0.4 S_{DS} \tag{2-7}$$

$$S_a = \frac{S_{D1}}{T} \tag{2-8}$$

여기서, $T$ : 구조물의 고유주기(초)

$T_o = 0.2 S_{D1} / S_{DS}$

$T_S = S_{D1} / S_{DS}$

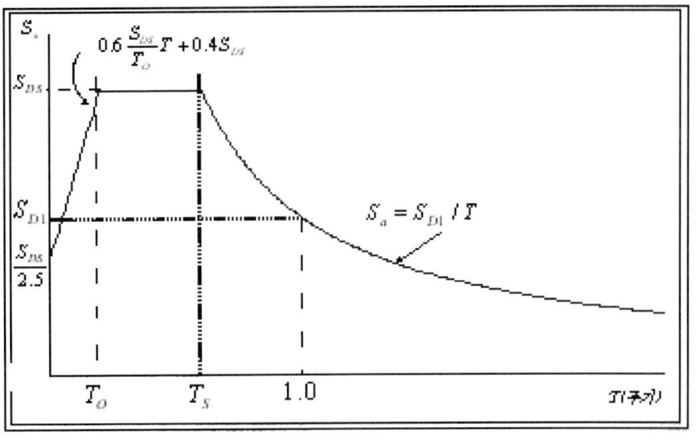


그림 2-3 설계응답스펙트럼

### 2.2.3 지진가속도 스펙트럼 비교

본 절에서는 KBC 2005, IBC 2000, 내진설계기준연구에서 제안된 절차에 따라 설계가속도 스펙트럼을 작성하여 비교하였다. 이러한 비교를 하기 위하여 최대 지진(MCE)의 지반등급 B에서의 유효 지반가속도를 0.22로 가정하였다.

#### 1) 단주기에 대한 스펙트럼 가속도

표 2-8 (a) KBC 2005 기준에 근거한 단주기 스펙트럼 가속도( $S_{DS}$)

| 지반등급 | A | M | S | $F_a$ | $S_{DS}$ |
|---|---|---|---|---|---|
| $S_A$ | 0.11 | 1.33 | 2.0 | 0.8 | 0.29 |
| $S_B$ | | | 2.5 | 1 | 0.36 |
| $S_C$ | | | 3.0 | 1.2 | 0.43 |
| $S_D$ | | | 3.6 | 1.44 | 0.52 |
| $S_E$ | | | 5.0 | 2 | 0.73 |

Note: A 지진지역 1의 500년 재현 주기를 갖는 지진의 유효지반가속도,
M 1.33 (이 경우 스펙트럼 가속도의 크기는 재현주기 2400년에 대한 2/3 수준의 극한하중임),
S 지반의 조건을 고려한 가속도 스펙트럼,
$F_a$ 지반등급 함수로서 지반계수( $S_B$지반의 S 대한 다른 지반의 S의 비)
$S_{DS}$ 설계지진의 단주기에 대한 스펙트럼 가속도 (=A×M×S).

**표 2-8 (b) 내진기준연구(1997)에 근거한 단주기 스펙트럼 가속도( $S_{DS}$)**

| 지반등급 | $C_a$ | M | $\gamma$ | $F_a$ | $S_{DS}$ |
|---|---|---|---|---|---|
| $S_A$ | 0.09 | 1.33 | 2.5 | 0.82 | 0.299 |
| $S_B$ | 0.11 | | | 1 | 0.365 |
| $S_C$ | 0.13 | | | 1.18 | 0.432 |
| $S_D$ | 0.16 | | | 1.45 | 0.532 |
| $S_E$ | 0.22 | | | 2 | 0.732 |

Note: $C_a$지진지역 1의 500년 재현 주기를 갖는 지진의 지진계수,
$\gamma$ 단주기에 대한 스펙트럼 가속도를 산정하기 위한 계수 ( $S_{DS}=\gamma C_a$ ) ,
$S_{DS}$ 설계지진의 단주기에 대한 스펙트럼 가속도 ( $= C_a \times M \times \gamma$).

**표 2-8 (c) IBC 2003 근거한 단주기 스펙트럼 가속도( $S_{DS}$)**

| 지반등급 | A | M | $\gamma$ | $F_a$ | $S_{DS}$ |
|---|---|---|---|---|---|
| $S_A$ | 0.11 | 1.33 | 2.5 | 0.8 | 0.29 |
| $S_B$ | | | | 1.0 | 0.36 |
| $S_C$ | | | | 1.18 | 0.432 |
| $S_D$ | | | | 1.36 | 0.498 |
| $S_E$ | | | | 1.6 | · 0.586 |

Note: $S_{DS}$ 설계지진의 단주기에 대한 스펙트럼 가속도 ( $= A \times M \times Fa \times \gamma$)

### 2) 주기 1초에 대한 스펙트럼 가속도

**표 2-9(a) KBC 2005 기준에 근거한 단주기 스펙트럼 가속도( $S_{D1}$)**

| 지반등급 | A | M | S | $F_v$ | SD1 |
|---|---|---|---|---|---|
| $S_A$ | 0.11 | 1.33 | 0.8 | 0.8 | 0.12 |
| $S_B$ | | | 1.0 | 1.0 | 0.15 |
| $S_C$ | | | 1.6 | 1.6 | 0.23 |
| $S_D$ | | | 2.3 | 2.3 | 0.34 |
| $S_E$ | | | 3.4 | 3.4 | 0.50 |

Note: A 지진지역 1의 500년 재현주기를 갖는 지진의 최대 가속도,
M 1.33 (이 경우 스펙트럼 가속도의 크기는 재현주기 2400년에 대한 2/3 수준의 극한하중임),

S 지반의 조건에 따른 스펙트럼 증폭계수,
$F_v$ 지반등급 함수로서 지반계수(지반특성에 따른 지반 $S_B$에 대한 응답스펙트럼 증폭 비율),
$S_{D1}$ 설계지진의 1초 주기에 대한 스펙트럼 가속도 (=A×M×S).

**표 2-9 (b) 내진기준연구에 근거한 단주기 스펙트럼 가속도( $S_{D1}$)**

| 지반등급 | $C_{a,1}$ | M | $F_v$ | $S_{D1}$ |
|---|---|---|---|---|
| $S_A$ | 0.09 | 1.33 | 0.82 | 0.12 |
| $S_B$ | 0.11 | | 1 | 0.15 |
| $S_C$ | 0.18 | | 1.64 | 0.24 |
| $S_D$ | 0.23 | | 2.09 | 0.33 |
| $S_E$ | 0.37 | | 3.36 | · 0.49 |

Note: $C_a$ 지진지역 1의 500년 재현주기를 갖는 지진의 지진계수,
$S_{D1}$ 설계지진의 1초 주기에 대한 스펙트럼 가속도( $= C_a \times M$).

**표 2-9(c) IBC 2003 근거한 단주기 스펙트럼 가속도( $S_{D1}$)**

| | A | M | $F_a$ | $S_{D1}$ |
|---|---|---|---|---|
| $S_A$ | 0.11 | 1.33 | 0.8 | 0.12 |
| $S_B$ | | | 1 | 0.15 |
| $S_C$ | | | 1.56 | 0.23 |
| $S_D$ | | | 1.92 | 0.28 |
| $S_E$ | | | 3.04 | 0.45 |

Note : $S_{D1}$ 설계지진의 단주기에 대한 스펙트럼 가속도 ( $= A \times M \times F_v$)

### 3) 설계 스펙트럼 비교

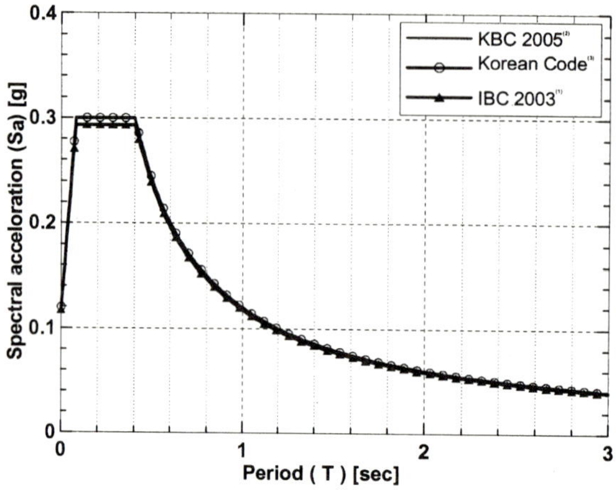


그림 2-4(a) 지반 등급 $S_A$

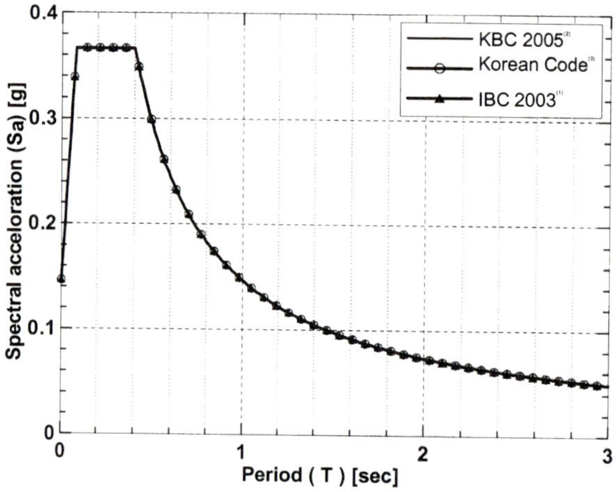


그림 2-4(b) 지반 등급 $S_B$

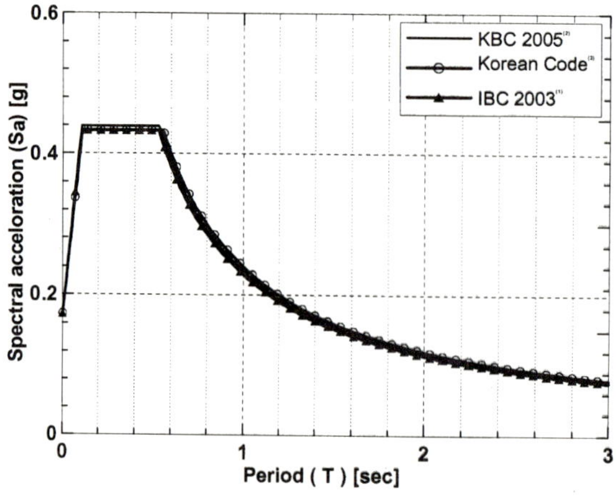


그림 2-4(c) 지반 등급 $S_C$

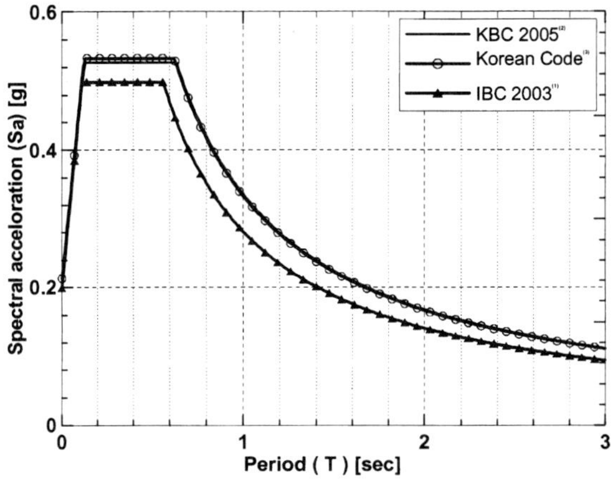


그림 2-4(d) 지반 등급 $S_D$

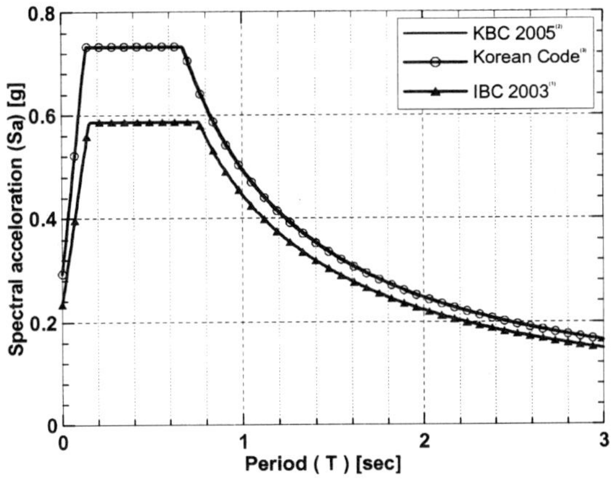


그림 2-4(e) 지반 등급 $S_E$

### 2.2.4 결론

KBC 2005, 내진기준연구와 IBC 2003에서 제시된 방법에 근거하여 최대 지진(MCE)의 PGA가 0.22(g)인 지진에 대하여 설계응답스펙트럼을 비교한 결과 지반조건에 따라 차이가 나타났다. 이는 각 기준에 따라 지반조건에 따른 응답스펙트럼 증폭계수를 다르게 산정하고 있기 때문이다. 이러한 특성은 비교적 단단한 지반($S_A - S_C$)에서는 차이가 5% 이내로 작지만 연약한 지반으로 분류되는 $S_D - S_E$에서는 다소 큰 차이가 남을 알 수 있다.

위 표의 계산과정에서 나타나 있듯이 KBC 2005와 내진기준연구에 근거하여 구한 단주기에서 응답스펙트럼 가속도($S_{DS}$)와 1초 주기에서 응답스펙트럼 가속도($S_{D1}$)는 5% 이내의 오차를 보였으며 설계 스펙트럼곡선에서도 그 차이는 크지 않았다.

하지만 IBC 2003에 근거하여 구한 값은 KBC 2005에 근거한 값과 비교하여 $S_A$ ~ $S_C$ 에서는 유사한 결과를 보이지만 $S_D$ 지반에서 IBC 2003에 근거한 값은 KBC 2005에 기반한 값에 비하여 $S_{DS}$, $S_{D1}$ 이 각각 5%, 15% 작은 값을 나타내었으며, $S_E$ 지반에 대하여 $S_{DS}$, $S_{D1}$ 은 각각 20%, 8% 작은 값을 나타내었다. 이러한 설계응답스펙트럼의 차이는 IBC에서 제공하는 지반등급에 따른 계수증폭계수 $F_a$, $F_v$ 값이 KBC 2005, 내진기준연구에서 제공하는 값과 비교하여 연약한 지반에서 다소 작은 값을 제안하기 때문이다.

### 참고문헌

1. International code council, International Building Code, U.S., 2000.
2. 대한건축학회, 한국건축표준설계기준(KOREAN BUILDING CODE, KBC)-구조편(6140), 2005.
3. 건설교통부, 내진설계기준연구 II (2장, 부록 A), 1997.
4. International Code Council, Uniform building code, U.S., 1994, 1997.

# 03 국내 지반특성에 적합한 지반 분류방법

## 3.1 기술적 배경

국내 내진설계기준을 이용할 경우 지반분류방법이 국내 지반특성을 제대로 반영하지 못하고 있고, 부지 고유의 지진응답해석 결과와 국내 내진설계기준에서 제시하고 있는 설계응답스펙트럼을 비교할 경우 단주기와 장주기 영역에서 많은 차이를 보이고 있다. 이는, 우리나라는 큰 규모의 지진이 자주 발생하지 않는 중약진 지역이고, 내진설계기준 제정을 위한 실지진 기록이 부족하여 지반분류 및 설계응답스펙트럼 작성방법의 경우 대부분 미국의 2000 National Earthquake Hazards Reduction Program(NEHRP 2003) 및 2003 International Building Code (IBC 2003) 기준을 준용하고 있기 때문이다.

현재 이용되고 있는 미국 기준의 경우 기반암의 깊이가 깊은 미국 서부해안지역의 지반에 적합하도록 작성된 기준이다. 미국의 내진설계기준에서 상부 30m 토층의 평균 전단파속도(VS30)를 이용하는 이유는 이전 기준의 서술식 지반분류방법의 모호함을 개선하고, 기반암의 깊이가 상당히 깊어 기반암 깊이까지 설계에 반영할 수 없을 경우 지진시 가장 큰 영향을 미치는 상부 30m 토층의 물성으로 설계에 이용하기 위함이었다. 그러나 국내 일반적인 지반의 경우 기밤암의 깊이가 30m 이내에 존재하는 경우가 대부분이기 때문에 VS30을 이용하여 지반을 분류할 경우 토층과 암반의 물성을 같이 반영할 수박에 없다. 즉 기반암의 깊이가 깊은 지역에서 설계의 효율성을 위하여 상부 30m의 평균 지반물성을 이용하려는 취지가 기반암의 깊이가 얕은 지역의 경우 불합리한 요소가 반영될 수 있는 개연성이 있다. 따라서 기반암이 대부분 30m 이내에 존재하고 장주기 영역보다는 단주기 영역에서 스펙트럼 가속도의 증폭이 크게 나타나는 국내의 지반특성을 고려하면, IBC 2003 기준을 그대로 사용하고 있는 국내 내진설계기준의 지반분류방법 및 설계응답스펙트럼 작성방법은 개선의 여지가 있고 판단된다.

본 기술보고서에서는 국내 지반특성에 적합한 대체 지반분류방법과 설계응답스펙트럼 작성방법을 개선하기 위한 방안에 대하여 기술하였다. 이를 위하여 국내 162개 지반에 대한 지반특성을 분석하여 미국 서부해안지역의 지반특성과 비교하였다. 또한, 국내 지반에 대한 지진응답해석을 통하여 국내 내진설계기준에서 제시하고 있는 단주기 및 장주기 증폭계수와 비교 분석하여 국내 일반적인 지반특성에 적합한 증폭계수를 산정하고, 국내 지반특성과 현재 내진설계기준의 차이점에 대하여 서술하였다.

국내 내진설계기준의 지진재해도는 역사지진의 자료를 고찰하여 작성된 것이다. 역사지진에 기록된 자료는 과거 사람이 많이 거주하였던 지역의 토사지반에서의 피해사례로, 지반공학적인 관점에서 살펴보면 지반증폭이 반영된 피해사례라고 볼 수 있다. 본 기술리포트에서는 이러한 국내 지진재해도에 대하여 고찰해볼 점에 대하여도 서술하였다.

### 3.1.1 국내 지반조건과 미국 서부해안지역의 지반특성 비교

국내 지반특성을 파악하기 위하여 전국의 도시지역을 중심으로 국내 일반적인 지반의 특성을 가지는 풍화토와 풍화암이 발달된 지역 및 퇴적토가 발달된 지역에서 자료를 획득하거나 직접 지반조사를 실시하여 선정하였다. 또한, 연약한 지반의 경우 주로 해안지역의 해성퇴적층이 깊이 발달된 곳이나 하천유역의 퇴적지반이 깊게 발달된 지반이 대부분이었다. 그림 3-1에는 162개의 해석대상 지반 위치를 지도상에 표시하였고, 해석대상 부지에 대한 간략한 설명은 표 3-1에 나타내었다. 162개 지반을 KBC2005 기준으로 지반을 분류하였을 경우 $S_B$ 지반에 해당하는 지반이 16개, $S_c$C 지반은 76개, $S_D$ 지반은 60개 그리고 $S_E$ 지반은 10개로 분류되었다. 각 지반 종류별 깊이에 따른 전단파속도 주상도는 그림 3-2에 나타내었다. 표 2에는 해석지반의 지반종류별 기반암 깊이, $V_{S30}$ 및 지반의 고유주기를 정리하였고, $V_{S30}$ 및 지반의 고유주기 $T_G$는 각각 식 (3-1)과 식 (3-2)를 이용하여 계산하였다.

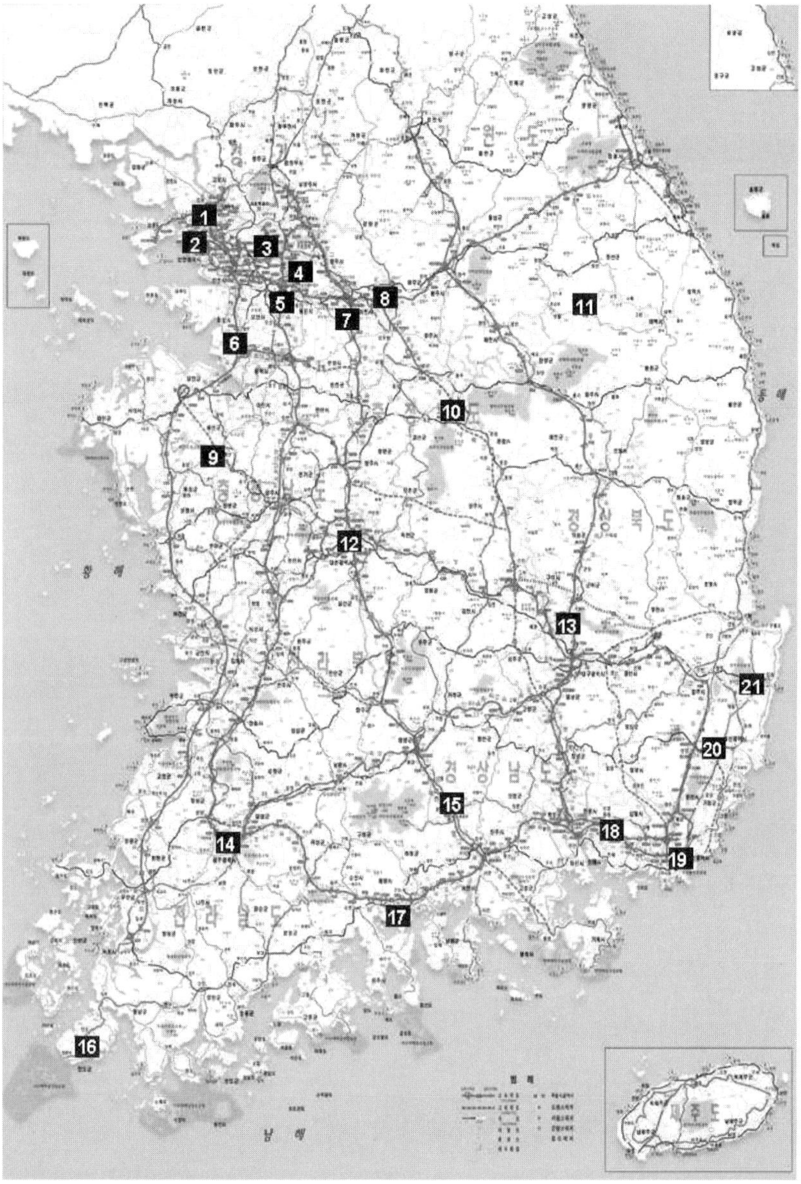


**그림 3-1** 해석대상 지반 위치

$$V_{S30} = 30 \sum \quad (3\text{-}1)$$

(3-2)

여기서, $d_i$= 심도 30m까지 $i$ 번째 토층의 두께(m)

$D_i$= 기반암 깊이까지 $i$ 번째 토층의 두께(m)

$V_{si}$= $i$ 번째 토층의 전단파속도 (m/sce)

표 3-1 해석대상 부지

| 현장 종류 | 위치* | 부지개수 | 지반조사방법** |
|---|---|---|---|
| 지하철 공사현장 | 3, 12, 19 | 8 | SPT |
| 지하철 공사현장 | 3 | 8 | D |
| APT 공사현장 | 1,3,5,6,13,15,16,19 | 34 | SPT |
| 장대교량 부지 | 7, 14 | 11 | D, S, SPS |
| 항만건설현장 | 2, 17, 19 | 23 | SPS |
| 일반도시지역 | 9 | 18 | S, D, C |
| | 21 | 29 | S, D, C |
| 철도건설현장 | 11, 18 | 17 | D, SPS |
| 고속도로 건설현장 | 8, 10 | 5 | D |
| 일반국도 건설현장 | 4, 7, 8, 20 | 9 | D |
| 계 | | 162 | |

* 숫자는 그림 1의 지도상에 나타난 숫자
** STP 표준관입시험, C -크로스홀 기법, D -다운홀 기법, S-표면파기법(SASW test), SPS SPS logging 기법

표 3-2를 살펴보면 기반암의 위치는 $S_B$ 지반의 경우 심도 0.0m에서 14.0m, $S_C$ 지반의 경우 심도 5.3m에서 50.0m, $S_D$ 지반의 경우 심도 9.25m에서 47.0m 및 $S_E$ 지반의 경우 심도 29.0m에서 56.0m에 위치하였다. 각 지반별 기반암이 위치한 평균 깊이는 $S_B$ 지반의 경우 심도 6m 정도이고, $S_C$ 지반의 경우 심도 18.3m, $S_D$ 지반의 경우 심도 23.5m로 상부 토층 30m 평균 전단파속도를 이용하여 지반을 분류할 경우 대부분의 지반에서 암반층의 물성이 지반분류에 반영되고 있다. 그러나 $S_E$ 지반의 경우 기반암의 평균 깊이가 심도 38.5m로 상부 30m의 평균 전단파속도를 이용할 경우 기반암의 물성은 반영되지 않았다.

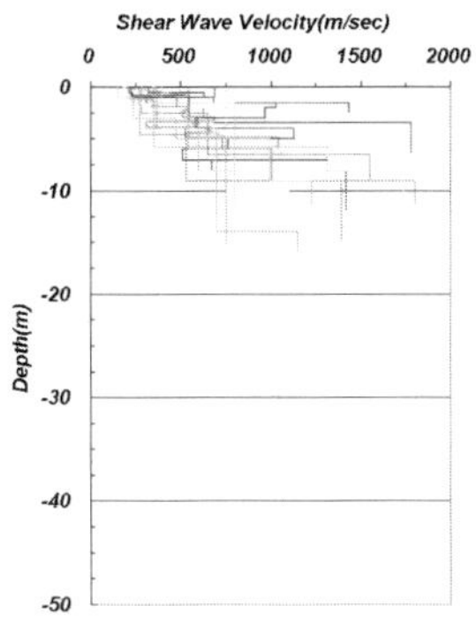


(a) Soil Type SB

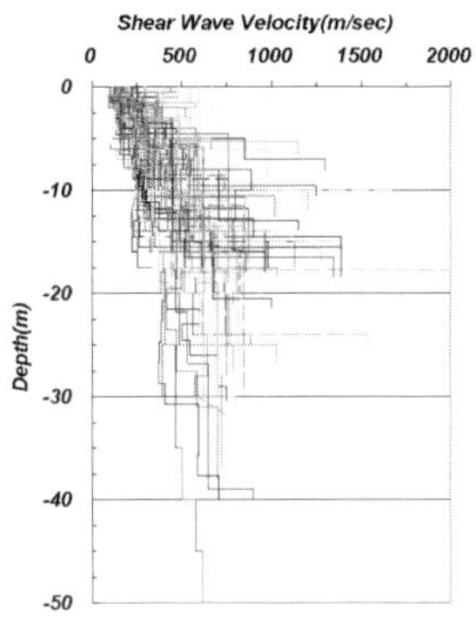


(b) Soil Type SC

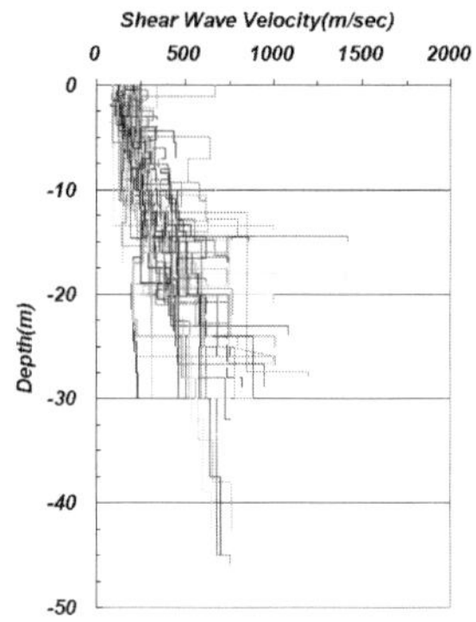


(c) Soil Type SD

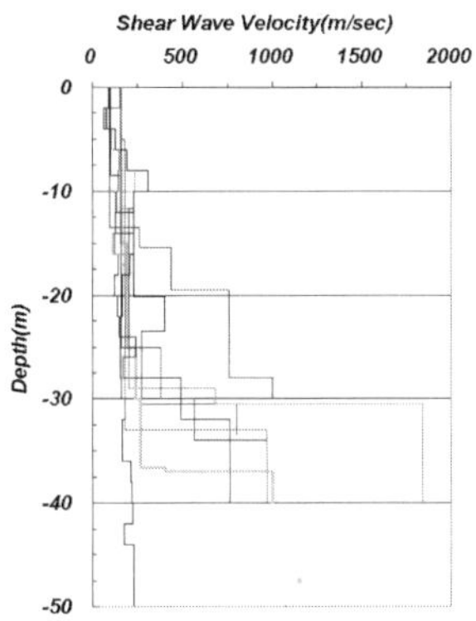


(d) Soil Type SE

**그림 3-2 지반종류별 깊이에 따른 전단파속도 주상도**

**표 3-2 지반종류별 평균 기반암 깊이, 전단파속도 및 지반의 고유주기**

| | | $S_B$ | | | $S_C$ | | | $S_D$ | | | $S_E$ | | |
|---|---|---|---|---|---|---|---|---|---|---|---|---|---|
| | | 최소 | 최대 | 평균 | 최소 | 최대 | 평균 | 최소 | 최대 | 평균 | 최소 | 최대 | 평균 |
| 기반암 깊이 (m) | | 0.00 | -14.0 | -6.0 | -5.3 | -50.0 | -18.3 | -9.25 | -47.0 | -23.5 | -28.0 | -56.0 | -38.5 |
| VS30(m/sec) | | 761.0 | 1244.8 | 961.0 | 373.8 | 729.4 | 488.8 | 191.8 | 369.6 | 312.7 | 133.7 | 179.94 | 165.7 |
| 주기 (sec) | 국내 | 0.0 | 0.10 | 0.06 | 0.07 | 0.42 | 0.22 | 0.24 | 0.67 | 0.37 | 0.68 | 1.35 | 0.88 |
| | WUS[1] | - | | | 0.30 - 0.80 | | 0.5 | 0.40 - 1.90 | | 1.20 | - | | |

1) ROSRINE(Resolution Of Site Response Issues from the Northridge Earthquake) 프로젝트 지반 데이터 - http://goeinfo.usc.edu/rosrine, WUS - the Western United States.

미국 서부해안지역 ROSRINE 프로젝트 현장지반의 전단파속도 주상도는 그림 3-3-(a)에 나타나 있다. 그림 3-3-(a)의 경우 지반분류 없이 통합하여 나타난 그림이다. 국내 지반의 평균 전단파속도 주상도와 ROSRINE 현장지반을 비교해보면, 대부분의 국내 지반의 경우 깊이 30m 이내에 기반암이 존재하고 깊은 깊이의 경우 50m 내외이지만, 미국 서부해안지역의 지반의 경우 깊이 100m~300m 정도에 존재하여 국내 일반적인 지반과는 전혀 다른 특성을 보인다.

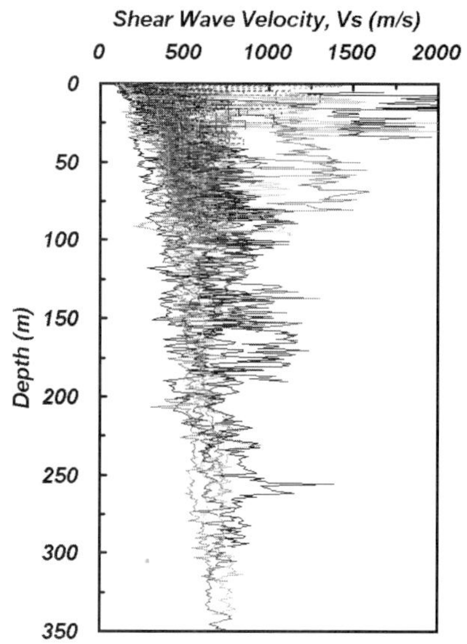


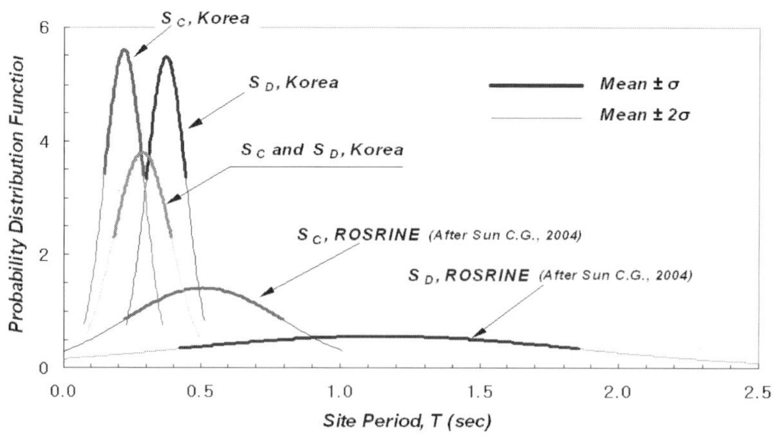


(b) 지반의 고유주기 비교

**그림 3-3** ROSRINE 현장 지반의 전단파속도 주상도 및 지반의 고유주기 비교

미국 UBC 기준의 경우 기반암이 지하 100m~300m 정도에 존재하는 미국 서부해안지역에서 기반암 깊이까지 지반조사를 일반적으로 할 수 없기 때문에 지진시 지반운동과 상관성이 큰 상부 토층 30m의 평균 물성치를 이용하여 내진설계를 하는 개념이다. 따라서 기반암이 대부분 30m 이내에 존재하는 국내 지반에 그대로 적용할 경우 지반의 고유주기 영역이 다르고 구조물에 영향을 미치는 주파수 대역이 달라져, 경우에 따라서 과소 또는 과다 설계의 요인이 될 수 있다.

국내 지반과 ROSRINE 프로젝트 현장지반의 차이는 지반의 고유주기를 비교해 보면 더욱 명확해진다. 그림 3-3-(b)와 표 3-3에는 국내 해석대상 지반의 고유주기와 ROSRINE 현장지반의 지반의 고유주기를 비교하였다. 국내 $S_C$ 지반의 경우 고유주기의 평균값은 0.22초 정도이고, $S_D$ 지반의 경우 0.37초 정도이다. 그러나 미국 서부해안지역(Western US, WUS)의 경우 각각 0.50초와 1.20초 정도이다. 또한, 고유주기 영역의 폭을 비교하여 봐도 국내 지반의 경우 고유주기 영역이 매우 좁게 나타난 반면, 미국 서부해안지역의 경우 고유주기의 폭이 매우 넓게 분포되어 있는 특징을 보인다.

이와 같이 국내 지반과 미국 서부해안지역 지반의 고유주기가 큰 차이를 보이는 것은 식(3-2)와 같이 지반의 고유주기가 기반암 깊이에 대한 함수이기 때문이다. 그림 3-3-(b)의 결과를 살펴보면 국내 지반의 고유주기 범위는 ROSRINE 프로젝트 현장지반의 고유주기 범위보다 단주기 영역에 있고 매우 좁게 분포한다. 이는 국내 지반의 경우 기반암 깊이가 깊지 않고 기반암 위치의 분포 범위가 좁기 때문에 고유주기의 범위도 좁게 나타난다. 반면, ROSRINE 프로젝트 현장지반의 경우 기반암의 분포범위가 넓어 고유주기의 분포가 넓게 나타난다. 따라서 미국 서부해안지역의 지반조건에 적합하도록 작성된 미국 UBC 기준을 대부분 그대로 이용하고 있는 국내 내진설계기준의 검토 및 개선이 필요한 것으로 판단된다.

### 3.1.2 KBC2005의 지반분류 및 설계응답스펙트럼에 대한 분석

앞 절에서는 국내 지반조건과 미국의 서부해안지역의 기반암 깊이 및 지반의 고유주기에서 많은 차이점이 존재하는 것을 확인하였다. 따라서 서로 다른 지반조건에 같은 내진설계기준을 적용해도 문제가 없는지 의문이 든다. 본 절에서는 이러한 의문점을 풀어보기 위하여 앞 절의 국내 162개 지반에 대한 지진응답해석 결과를 분석하여 KBC2005 기준의 문제점에 대하여 서술하였다.

본 절의 지진응답해석 결과는 기존 문헌의 연구결과이며(윤종구 등, 2006), 해석에 이용된 암반노두의 가속도는 KBC2005의 지진지역 1의 내진(특)등급에 해당하는 0.220g에 대한 해석결과이다. 연구결과를 도출하기 위한 자세한 과정은 생략하고, 지진응답해석 결과와 국내 지반조건 및 설계응답스펙트럼과의 비교결과를 중심으로 서술하였다.

그림 3-4~그림 3-7에는 162개 지반에 대한 지진응답해석 결과와 KBC2005에서 제시하고 있는 설계응답스펙트럼과 단주기 증폭계수 $F_a$와 장주기 증폭계수 $F_V$를 재산정하여 새로 작성한 응답스펙트럼과의 비교 결과를 나타낸 것이다. 이때, $F_a$ 값과 $F_V$ 값은 아래 식을 이용하여 계산하였다. 또한, 식(3-3)과 식(3-4)를 이용하여 재산정한 내진(특)등급에 대한 증폭계수 $F_a$와 $F_V$값은 표 3에 나타내었다.

$$F_a(RRS) = \frac{R_{soil}}{R_{rock}} \frac{1}{0.4} \int_{0.1}^{0.5} \frac{RS_{soil}(T)}{RS_{rockl}(T)} dT \qquad (3\text{-}3)$$

$$F_v(RRS) = \frac{R_{soil}}{R_{rock}} \frac{1}{1.6} \int_{0.4}^{2.0} \frac{RS_{soil}(T)}{RS_{rockl}(T)} dT \qquad (3\text{-}4)$$

여기서, $RS_{soil}$은 지표면의 스펙트럼 가속도, $RS_{rock}$은 암반노두의 스펙트럼 가속도, $R_{rock}$와 $R_{soil}$의 값은 각각 진원(fault)에서 암반노두와 지표면까지의 거리를 의미하고, $R_{soil}/R_{rock}$의 경우 진앙에서 거리가 먼 경우 1.0으로 가정하여 계산하였다

**표 3-3 지진지역 1의 내진(특)등급에 대한 증폭계수 $F_a$, $F_V$ 및 IBC-2003 기준과의 비교**

| 지반종류 | $F_a$ | | $F_V$[1] | |
|---|---|---|---|---|
| | 국내 지반 | IBC2003 | 국내 지반 | IBC2003 |
| SB | 1.11 | 1.00 | 1.02 | 1.00 |
| SC | 1.77 | 1.20 | 1.24 | 1.58 |
| SD | 1.98 | 1.36 | 1.67 | 1.92 |
| SE | 1.21 | 1.54 | 2.46 | 3.14 |

1) $F_V$의 경우 평균값+표준편차의 값을 구한 것임.

단주기 증폭계수 $F_a$를 계산할 때 0.1초 이하는 고려하지 않으므로, 주기 0.1초 이하의 결과를 무시하면 그림 3-4-(a)의 $S_B$지반의 경우 스펙트럼 가속도의 평균값과 KBC2005 기준과 차이는 크게 나타나지 않음을 볼 수 있다. 또한, 그림 3-4-(b)의 재산정된 응답스펙트럼과 기존의 응답스펙트럼 및 해석결과에서도 큰 차이가 발생하지 않는다. 이는 $S_B$지반의 경우 보통암에 해당하는 지반으로, 암반으로 된 지반의 경우 미국 서부해안지역의 지반조건과 국내의 지반조건에는 큰 차이가 없기 때문에 해석결과에서도 큰 차이가 없기 때문이다.

그러나 해석에서 얻어진 그림 3-5-(a)의 $S_C$ 지반과 그림 3-5-(a)의 $S_D$ 지반의 스펙트럼 가속도의 평균값과 국내 기준의 값에 많은 차이가 나타난다. 특히, 단주기 영역에서 응답값의 증폭이 크게 발생하고 장주기 영역에서는 내진설계기준의 값보다 작은 값을 가진다. $S_C$ 지반의 경우 주기 0.4초 부근을 기준으로 단주기 영역에서 내진설계기준의 값보다 크게 증폭되는 현상이 발견되고, 장주기 영역에서는 내진설계기준의 값보다 상당히 작아진다. $S_D$ 지반의 경우에도 주기 0.4초와 0.5초 사이를 기준으로 같은 현상을 관찰할 수 있다. 이와 같은 현상은 우리나라의 $S_C$ 및 $S_D$ 지반의 경우 기반암이 대부분 30m 이내에 존재하여 미국 서부해안지역의 지반특성과는 많은 차이가 있어 해석결과와 내진설계기준에 많은 차이가 나타나고 있다. 따라서 IBC-2003 기준을 그대로 준용하고 있는 KBC2005에서 $S_C$ 지반과 $S_D$ 지반의 경우 설계응답스펙트럼을 국내 지반의 일반적인 특성에 적합하도록 재작성할 필요가 있고, 그림 3-5-(b)와 그림 3-6-(b)의 재작성된 응답스펙트럼의 경우 지진응답해석 결과와 비교하여 많이 개선되고 있다.

그림 3-7의 $S_E$ 지반의 경우 위의 $S_C$ 및 $S_D$ 지반과는 달리 KBC2005의 설계응답스펙트럼의 값보다 평균값 및 평균값 + 표준편차의 값을 대부분 만족시키고 있다. 이는 $S_E$ 지반의 경우 표 2에 나타난 바와 같이 기반암의 평균 깊이가 −38.5m 이므로 $V_{S30}$을 이용하는 취지에도 부합하는 지반조건이기 때문이다. 그러나 $S_E$ 지반의 경우 내진설계기준의 설계응답스펙트럼과 경향은 비슷하게 나타나고 있으나, 값을 비교하여 볼 때 많은 차이점이 발생하고 있다. $S_E$ 지반과 같이 연약지반에서 단주기 영역의 스펙트럼 가속도 값이 설계기준의 값보다 상대적으로 작게 나타나는 현상은 지반의 비선형성과 관계가 있는 것으로 판단되고, 이러한 현상은 최

근 미국 지반에 대한 연구결과에서도 확인되고 있다. 따라서 $S_E$ 지반의 경우에도 국내 지반특성에 적합하도록 증폭계수를 재산정하고 설계응답스펙트럼을 개선해야 할 필요가 있다.

설계응답스펙트럼을 작성하기 위해서는 증폭계수의 산정이 선행되어야 하고, 증폭계수의 산정에 절대적으로 영향을 미치는 요소는 지반분류임을 고려하면, 미국 서부해안지역 지반조건과 국내 지반조건에 많은 차이가 있으므로 국내 지반의 지반분류방법의 개선이 필요하다. 또한, 국내의 경우 기반암 깊이가 대부분 심도 30m 이내에 존재하여 $V_{S30}$을 이용할 경우 암반의 영향이 지나치게 크게 반영되는 등의 문제점이 발생하므로, 국내 지반특성에 적합한 지반분류방법에 대한 개선이 무엇보다 선행되어야 한다. 또한, 본 절에서 서술하고 있는 재산정된 증폭계수 값과 이를 바탕으로 재작성된 설계응답스펙트럼의 경우, 현재 시방기준에 반영된 결과가

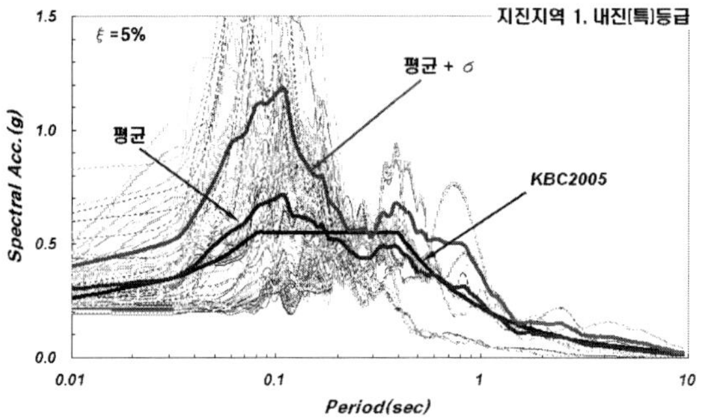


(a) 현재 기준의 응답스펙트럼과의 비교

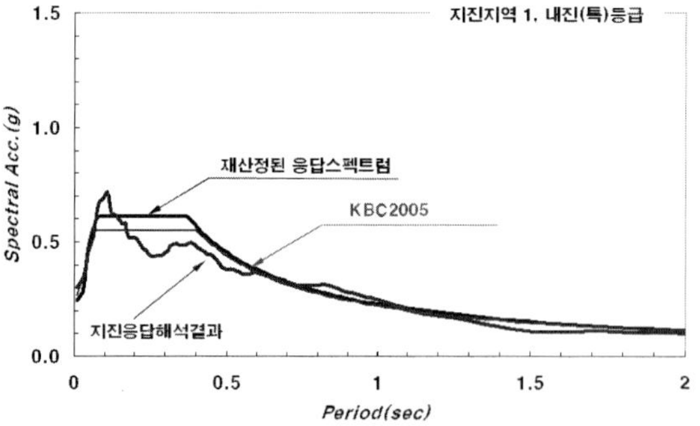


(b) 재산정된 응답스펙트럼과의 비교

**그림 3-4** $S_B$지반에 대한 해석결과의 비교

아니고 향후 설계기준의 개정할 경우 기초연구자료로 반영할 수 있는 자료이므로, 이를 현업의 설계에 반영할 때는 신중하게 사용해야 한다.

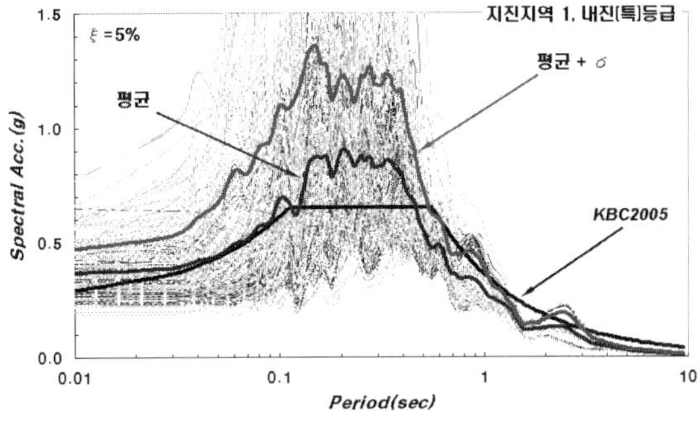


(a) 현재 기준의 응답스펙트럼과의 비교

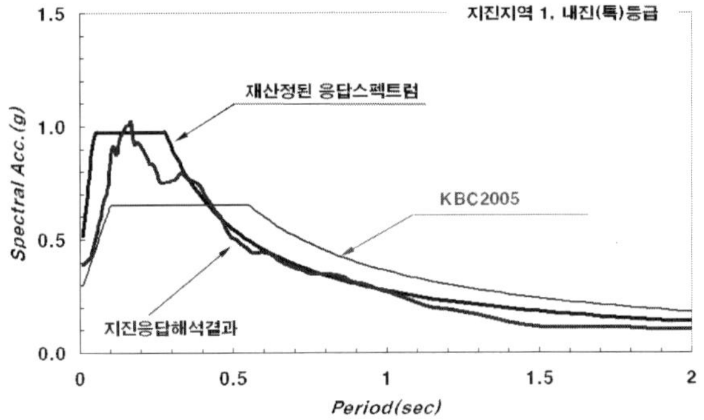


(b) 재산정된 응답스펙트럼과의 비교

그림 3-5 $S_C$ 지반에 대한 해석결과의 비교

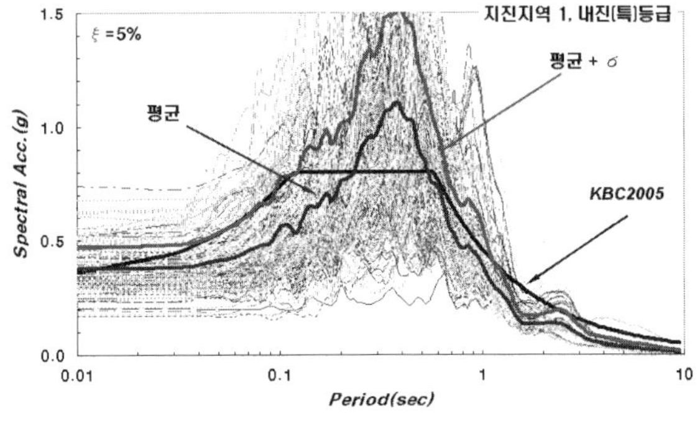


(a) 현재 기준의 응답스펙트럼과의 비교

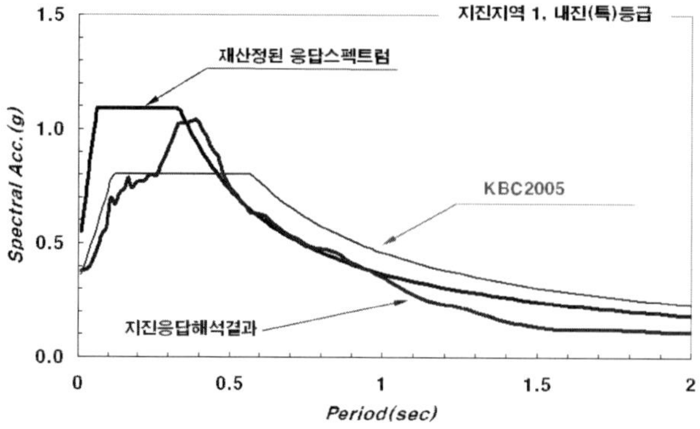


(b) 재산정된 응답스펙트럼과의 비교

그림 3-6 $S_D$ 지반에 대한 해석결과의 비교

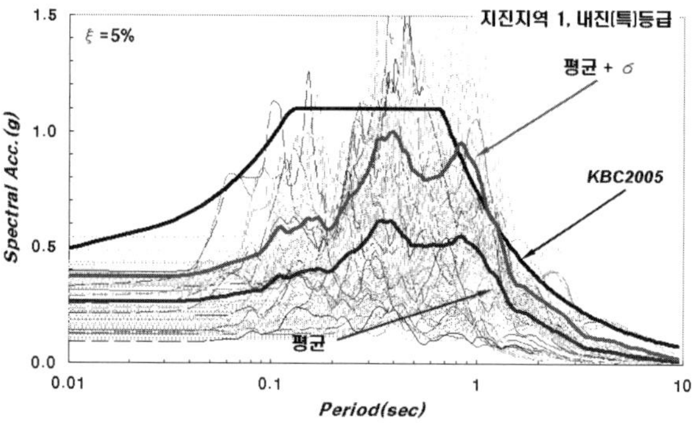


(a) 현재 기준의 응답 스펙트럼과의 비교

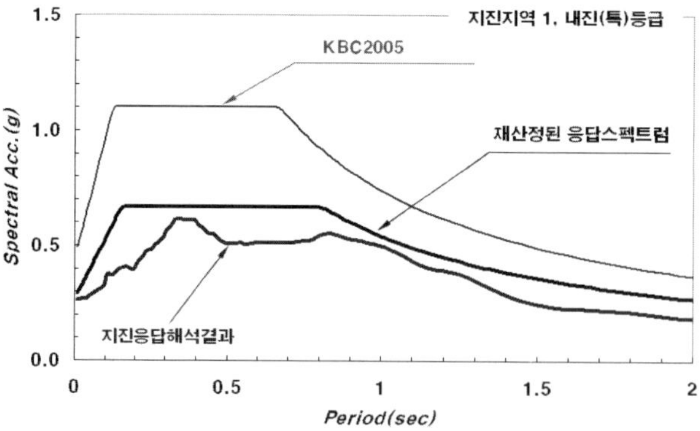


(b) 재산정된 응답 스펙트럼과의 비교

그림 3-7 $S_E$ 지반에 대한 해석결과의 비교

## 3.2 지반분류 개선방법

내진설계시 지반을 분류하는 목적은 지진시 비슷한 거동을 하는 지반을 같은 지반그룹으로 분류하여 지반증폭 현상 등 지진으로 유발되는 효과를 설계지진력 산정시 반영하기 위함이다. 따라서 내진설계를 위한 지반분류방법을 개선하기 위해서는 지진시 지반증폭 현상에 가장 큰 영향을 미치는 요소를 먼저 고려해야 한다. 지진시 지반증폭 현상을 주파수영역에서 수리역학적으로 단자유도계로 모델링할 경우 지반증폭을 지배하는 요소는 전달함수(Transfer function)가 된다. 전달함수는 식(3-5)에 나타난 바와 같이 지반의 고유주기와 기반암 위에 있는 토층의 두께 및 전단파속도 함수로 표현되므로, 지반증폭 현상에 가장 큰 영향을 주는 요소는 지반의 고유주기와 토층의 두께(기반암 깊이) 및 전단파속도이다.

$$F(\omega)=\frac{1}{\cos k_s^* H+ia_z^*\sin k_s^* H}=\frac{1}{\cos(\omega H/v_{ss}^*)+ia_z^*\sin(\omega H/v_{ss}^*)} \quad (3\text{-}5)$$

위 식 (5)를 살펴보면 토층 두께(H)와 암반과 지반간의 복소저항비(Complex impedance ratio, $a_z^*$), 지반의 전단파속도( $v_{ss}$) 및 각속도( $\omega$) 등의 함수이다. 특히, 각속도의 경우 $\omega=2\pi f=2\pi/T$로 표현되므로 지반의 고유주기(T)에 대한 함수라고 할 수 있다. 따라서 지반의 지진시 응답특성에 영향을 크게 미치는 요소는 지반의 지층두께 및 지반의 전단파속도 및 지반의 고유주기 등을 들 수 있으며, 이 밖에 암반과 토사층의 강성비(Impedance ratio), 각층의 밀도 및 감쇠비 등도 영향을 미치는 요소이다.

우리나라와 같이 기반암의 깊이가 얕아 대부분의 지반조사가 기반암 깊이까지 수행되고 있고 토층의 전단파속도를 비교적 명확하게 측정할 수 있는 지역에서는, 기반암 깊이에 관계없이 심도 30m의 암반 물성까지 무조건 고려해야 하는 상부 토층 30m의 평균 전단파속도( $V_{S30}$)을 이용한 지반분류방법 이외의 다른 방법을 생각해 볼 수 있다. 최근 지반의 고유주기(T)를 이용하여 지반을 분류할 경우, 우리나라와 같이 기반암의 깊이가 얕을 경우 효율적인 지반을 분류할 수 있다는 연구결과가 있다(윤종구 등, 2006). 본 기술리포트에서는 지반의 고유주기를 이용한 대체 지반분류방법에 대하여 서술하였다.

### 3.2.1 지반분류방법의 대안

앞 절에서 수행한 국내 162개 지반 중 $S_B$, $S_C$ 및 $S_D$ 지반의 고유주기 분포를 정규분포로 가정하여 그림 3-8과 같이 확률밀도함수로 나타내어 국내 지반의 고유주기의 특성을 파악하여 보았다. 그림 8에 나타난 $V_{S30}$을 기준으로 분류할 경우 $S_B$, $S_C$ 및 $S_D$ 지반의 고유주기 분포를 살펴보면 평균값(mean)은 0.287초로 나타났고 표준편차의 경우 0.110초 였다. 따라서 평균값 $\pm 2\sigma$(표준편차)의 범위는 0.077초에서 0.497초에 해당한다. 본 장에서는 이러한 해석대상 부지의 고유주기 분포 및 지반분류의 편이성을 고려하여 분류기준을 0.1초, 0.3초 및 0.5초로 경계값을 설정하여 지반을 표 3-4와 같이 $T_A$ 지반, $T_B$ 지반, $T_C$ 지반 및 $T_D$ 지반으로 분류하였다.

**표 3-4** 지반의 고유주기를 이용한 지반분류방법

| 지반의 종류 | 지반분류 조건 |
|---|---|
| $T_A$ | T 〈 0.10 sec |
| $T_B$ | 0.10 sec ≤ T ≤ 0.30 sec |
| $T_C$ | 0.30 sec 〈 T ≤ 0.50 sec |
| $T_D$ | 0.50 sec 〈 T |

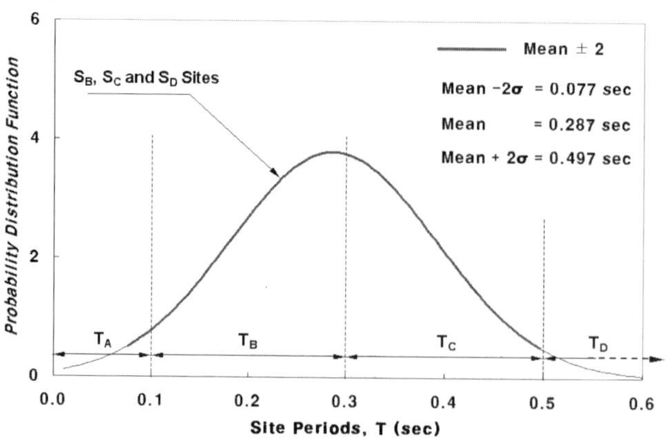


**그림 3-8** 해석대상 부지의 고유주기 특성

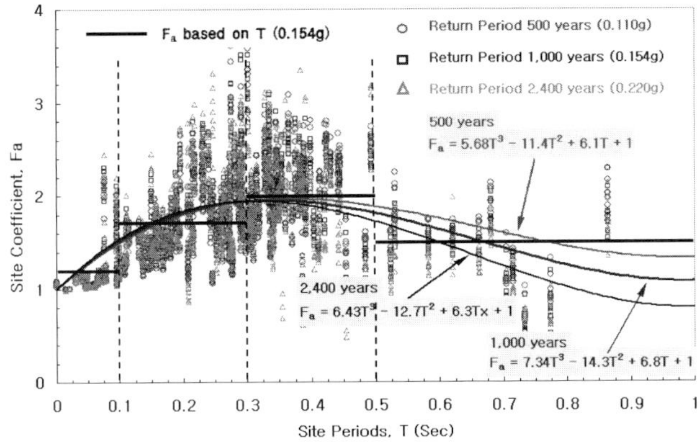


**그림 3-9 증폭계수 $F_a$와 $T_G$와의 상관관계**

지반의 고유주기( $T_G$)와 증폭계수와의 상관관계 및 추세선의 경향성을 검토하기 위하여, 지반의 고유주기와 증폭계수의 관계를 그림 3-9에 나타내었다. 그림 3-9의 단주기 영역의 증폭계수 $F_a$와 지반의 고유주기와의 관계를 살펴보면, 지반의 고유주기가 0.10초보다 작을 경우 $F_a$값은 대부분 1.0 부근에 수렴하는 경향을 보이고 있다. 지반의 고유주기가 0.1초~0.3초인 경우 $F_a$값은 산란 정도가 심하나 전반적으로 고유주기가 증가함에 따라 $F_a$값도 증가하는 경향을 보이고 있고, 지반의 고유주기가 0.3초~0.5초 사이에서는 0.3초에 가까울수록 일정한 값을 보이는 경향이 있고 0.5초에 가까워질수록 소폭 감소하는 경향이 있다. 따라서 표 4와 같이 지반의 고유주기를 0.1초, 0.3초 그리고 0.5초를 경계로 지반을 분류하였을 경우, 증폭계수 $F_a$의 경우 $T_A$ 지반의 영역에서는 1.0 근처에 수렴하는 경향을 보이고, $T_B$ 지반의 영역에서는 증가하는 경향이, $T_C$ 지반의 영역에서는 일정한 값을 가지나 조금씩 감소하는 경향이 나타나고 있다. 반면에 $T_D$ 지반의 영역에서는 전반적으로 감소하는 경향이 나타나고 있다. 따라서 이러한 현상을 추세선으로 나타내기 위하여 추세선은 최소 2개의 변곡점(Inflection point)이 필요한 것으로 판단하여 3차 다항식을 이용하여 추정하여 나타내어 보았다.

### 3.2.2 증폭계수와 지반분류 기준과의 상관관계에 대한 검토

그림 3-10에는 $S_E$ 지반을 포함하였을 경우와 포함하지 않았을 경우 증폭계수

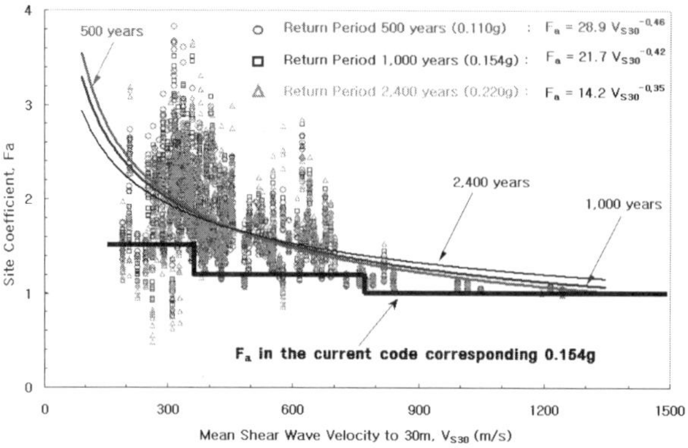


(a) $S_E$ 지반 포함

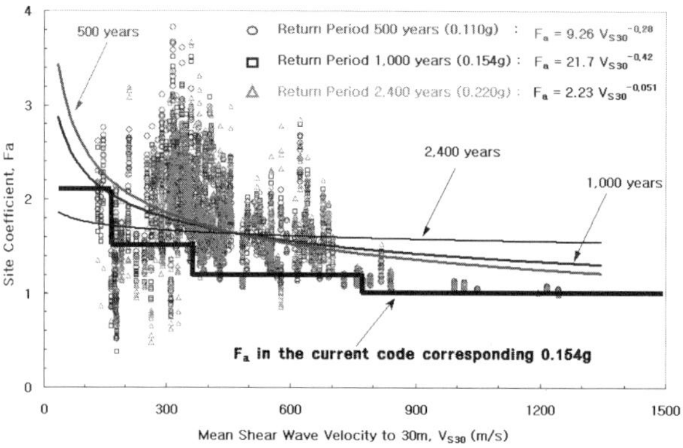


(b) $S_E$ 지반 제외

**그림 3-10 증폭계수 $F_a$와 $V_{S30}$과의 상관관계**

$F_a$와 $V_{S30}$과의 상관관계에 대하여 나타내었다. 우수한 지반분류 방법은 지반분류 기준과 증폭계수와 상관관계를 나타내는 추세선이 일정한 경향을 가지면서 지진가속도의 증가에 따른 지반의 비선형성 등과 같은 중요한 특징을 효율적으로 표현할수록 좋은 방법이다. 그림 3-9와 그림 3-10의 결과를 비교하여 보면, 지반의 고유주기와 $V_{S30}$을 기준으로 분류하였을 경우 상당히 큰 차이점이 나타나고 있다. 특히, $V_{S30}$을 이용한 경우 $S_E$ 지반을 포함하였을 경우, 그림 3-10-(a)와 같이 기반암의 가속도가 커질수록 추세선은 모든 영역에서 지반의 비선형을 나타낸다는 결론을 내릴 수밖에 없는데, 사실은 그림 3-10-(b)와 같이 $S_E$ 지반을 제외하면 $S_B$, $S_C$ 및 $S_D$ 지반의 경우 입력 지진가속도의 증가에 따른 비선형은 나타나지 않고 있다. 따라서 $V_{S30}$을 이용하여 지반분류를 할 경우 모든 지반을 하나의 추세선으

로 나타내면 증폭계수의 특징을 제대로 표현할 수 없을 만큼 큰 차이가 발생하여 우수한 상관관계를 가지고 있다고 판단하기 힘들다.

그러나 그림 3-9와 같이 지반의 고유주기를 이용할 경우, 추세선은 모든 지반을 하나의 추세선으로 나타낼 수 있었으며, 또한 기반암의 가속도가 커질수록 지반의 비선형 거동이 나타나는 부분과 나타나지 않는 부분을 정확하게 표현할 수 있어, $V_{S30}$을 이용한 방법보다 우수한 경향을 가진다고 판단할 수 있다.

### 3.2.3 동일한 지반그룹 내에서 RRS 값의 통일된 경향성 검토

그림 3-11-(a)의 $S_C$ 지반과 그림 3-11-(b)의 $T_B$ 지반의 결과를 비교하여 보면, $T_B$ 지반의 경우 주기 0.1초~0.4초 사이에서 집중적으로 증폭현상이 나타나고 있고, $S_C$ 지반의 경우 0.1초~0.5초 사이에서 주로 증폭이 발생하나 $T_B$ 지반의 경우보다 집중도가 떨어지고 있다. 이러한 결과는 $S_C$ 지반으로 분류되던 지반중에서 지반의 고유주기가 0.3초~0.5초 사이에 해당하는 지반이 $T_C$ 지반으로 분류되었기 때문에 나타나는 현상으로 분석된다. 그림 3-11-(c)의 $S_C$ 지반과 그림 3-11-(d)의 $T_C$ 지반의 결과를 비교하여 보면, 새로운 지반분류 기준에 대한 효과가 뚜렷하게 나타나고 있다. $V_{S30}$으로 분류하였을 경우 동일한 $S_D$ 지반의 경우 단주기 영역인 0.1초~0.5초 부근에서 RRS의 값이 증폭되는 지반과 장주기 영역인 0.5초 이상인 영역에서 증폭이 집중적으로 발생하는 지반이 공존하는 반면, $T_C$ 지반에서는 0.5초 이상의 장주기 영역에서 크게 증폭되는 현상이 현저하게 감소하고 있다. 이는 기반암의 깊이가 깊어 주기 0.5초 이상으로 분류되는 지반이 $DC$ 지반으로 재분류되었기 때문으로 분석된다. 따라서 지반의 고유주기를 이용할 경우 $V_{S30}$의 방법보다 효율적인 지반분류가 가능해져 지반분류의 목적인 지진시 유사한 거동을 나타내는 지반을 같은 그룹으로 분류할 수 있도록 개선된 효과를 확인할 수 있었다. 요약하자면, 동일한 지반그룹 내에서 RRS 값의 통일된 경향성을 기준으로 판단한 결과 지반의 고유주기를 이용한 방법이 국내 지반조건에 가장 우수한 방법으로 결론을 내릴 수 있다.

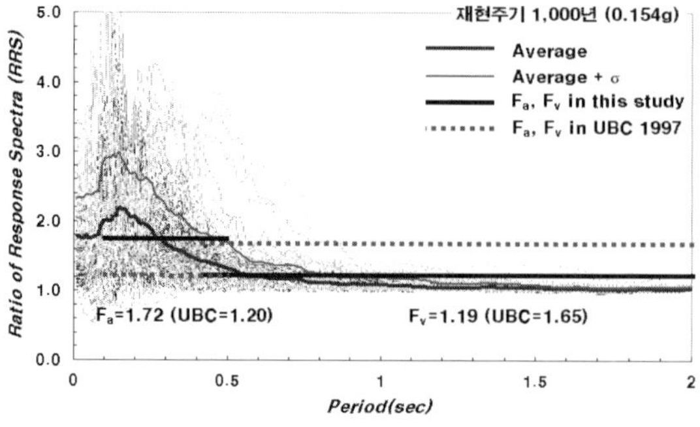


(a) $S_C$ 지반의 RRS 값의 경향성

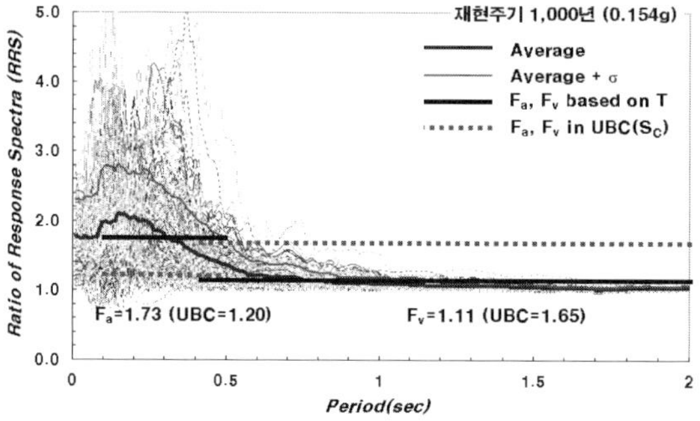


(b) $T_B$ 지반의 RRS 값의 경향성

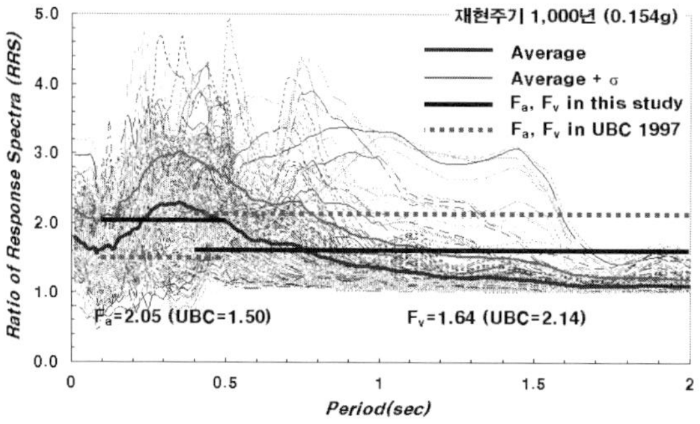


(c) $S_D$ 지반의 RRS 값의 경향성

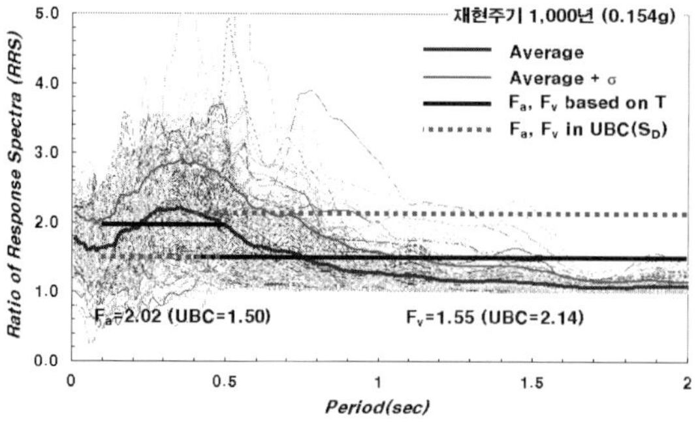


(d) $T_C$ 지반의 RRS 값의 경향성

**그림 3-11** 지진지역 1의 내진(특)등급에 대한 지반종류별 RRS 값의 경향성 검토

### 3.2.4 지반조사 자료의 부족으로 인한 추측 가능성 검토

UBC 1997 기준에서 $V_{S30}$을 이용하는 이유는 서술식으로 되어 있는 기존 지반분류 기준의 모호함을 개선하고, 기반암의 깊은 지역에서 지진시 가장 큰 영향을 미치는 상부 30m 토층의 물성으로 설계에 이용하기 위함이었다. 그러나 국내 지반의 경우 기밤암의 깊이가 대부분 30m 이내에 존재하기 때문에 $V_{S30}$을 이용하여 지반을 분류할 경우 토층과 암반의 물성이 같이 반영된다. 실제로 상부층은 연약한 토층이지만 하부 암반층의 과도한 영향으로 단단한 토층으로 분류되는 경우도 빈번히 있다. 즉 기반암의 깊이가 깊은 지역에서 설계의 효율성을 위하여 상부 30m의 평균 지반물성을 이용하려는 취지가 기반암의 깊이가 얕은 지역의 경우 불합리한 요소가 반영될 수 있는 개연성이 있다.

이러한 문제점은 지반의 고유주기를 이용할 경우 쉽게 해결할 수 있다. 지반조사가 기반암의 깊이까지 수행되면 지반의 고유주기는 식(3-2) 이용하여 비교적 명확하게 계산할 수 있다. 따라서 지반의 고유주기를 지반분류 기준으로 사용할 경우 $V_{S30}$을 이용할 경우 보다 불확실성을 현격하게 제거할 수 있는 장점이 있다. 따라서 지반조사 자료의 추측 가능성을 고려할 경우 지반의 고유주기를 이용하는 방법이 더 우수한 방법이라고 판단된다.

### 3.2.5 지반의 고유주기를 이용한 지반분류방법

본 기술리포트에서는 지반의 고유주기를 이용한 지반분류 방법에 대하여 살펴보았다. 지반의 고유주기를 이용하여 지반을 분류할 경우 동일한 지반 그룹 내에서 RRS 값이 서로 다른 경향을 나타내는 현상을 개선할 수 있어, 지반의 고유주기를 이용한 지반분류방법이 우수한 것으로 나타났다. 또한, 증폭계수와 분류기준과의 상관관계를 나타내는 추세선에 대한 분석한 결과 지반의 고유주기를 이용한 방법이 $V_{S30}$ 방법보다 우수하였다. 한편, 지반조사 자료가 부족하여 지반분류시 지반조사 자료를 추측해야 할 개연성이 있는지 판단한 결과, $V_{S30}$을 이용한 방법보다는 지반의 고유주기를 이용한 방법이 우수하였다. 이와 같은 사항을 종합하여 판단해본 결과, 지반의 고유주기를 이용한 방법이 국내 지반특성에 적합한 지반분류방법으로 판단된다. 따라서 향후 국내 내진설계 시방기준을 개선할 경우 지반의 고유주기를 이용한 지반분류방법을 추천한다.

지반의 고유주기를 이용하였을 경우 단주기 증폭계수 $F_a$와 장주기 증폭계수 $F_v$는 표 3-5에 나타내었고, 이를 이용한 설계응답스펙트럼은 그림 3-12에 나타나 있다. 또한 그림 3-13에는 그림 3-12의 $S_C$ 지반과 $T_B$ 지반, $S_D$ 지반과 $T_C$ 지반의 설계응답스펙트럼을 로그축(log sacle)으로 나타내어 두 지반분류방법의 차이를 명확히 비교하였다.

**표 3-5** 지반의 고유주기로 지반을 분류하였을 경우 지진구역 1구역 내진(특)등급에 해당하는 재산정된 증폭계수

| 지반의 고유주기 | | 단주기 증폭계수, $F_a$ | | 장주기 증폭계수, $F_v$ | | |
|---|---|---|---|---|---|---|
| | | $F_a$ | $\sigma$ | 평균 | $\sigma$ | $F_v$ |
| T 〈 0.1 | $T_A$ | 1.22 | 0.319 | 1.01 | 0.021 | 1.04 |
| 0.1≤T≤0.3 | $T_B$ | 1.80 | 0.446 | 1.13 | 0.123 | 1.25 |
| 0.3〈T≤0.5 | $T_C$ | 1.96 | 0.448 | 1.34 | 0.233 | 1.58 |
| 0.5〈T | $T_D$ | 1.39 | 0.522 | 1.94 | 0.437 | 2.37 |

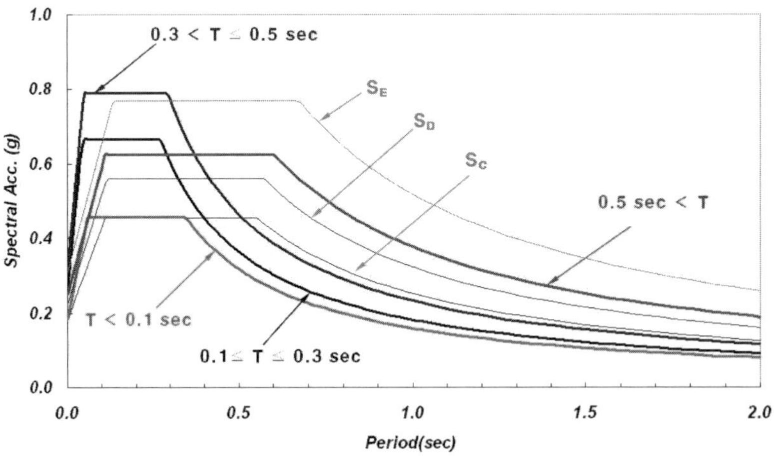


**그림 3-12** $V_{S30}$과 지반의 고유주기를 기준으로 지반분류시 각 지반종류별 설계응답스펙트럼의 비교 - 지진구역 1지역 내진(특)등급

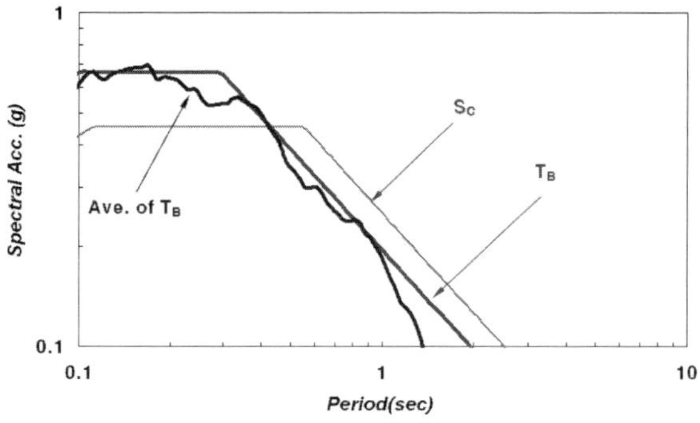


(a) $S_C$ 지반과 $T_B$ 지반의 비교

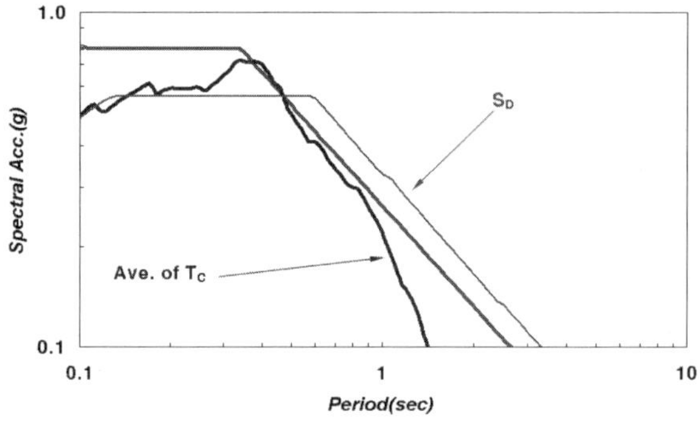


(b) $S_D$ 지반과 $T_C$ 지반의 비교

**그림 3-13** KBC2005( $V_{S30}$)와 지반의 고유주기를 기준으로 지반분류시 각 지반종류별 설계응답스펙트럼의 비교 - Log Sacle, 지진구역 1지역 내진(특)등급

## 3.3 지진재해도의 문제점 및 개선방법

우리나라에서의 최초의 역사지진 자료정리는 1912년 와다(和田雄治)가 삼국사기, 고려사, 조선왕조실록 등의 역사자료로부터 서기 2년부터 1855년까지의 역사지진 자료를 정리한 것이다. 그 후 여러 국내외 학자들에 의해 수정 및 보완이 이루어져 왔고, 최근에 들어 확률론적인 방법에 근거해 지진재해도가 작성되어 내진설계에 이용되고 있다.

사료에 기록된 지진을 살펴보면, 과거 사람이 많이 거주하였던 지역, 특히 왕조시대의 도읍지에서 지진이 많이 발생되고 큰 피해가 발생한 것으로 기록되어 있다. 여기서 주의 깊게 살펴보아야 할 대목이 바로 사람이 많이 살던 곳, 특히 도읍지에서 피해가 많이 발생하였다는 사실이다. 이는 과거에는 인간의 감각에 의존하여 지진을 감지할 수밖에 없었고, 주로 사람이 많이 살던 곳의 피해사실이 역사 기록에 남았기 때문으로 분석된다. 과거 사람들이 많이 살았던 도읍지나 도시지역의 경우 대부분 평야나 하천이 지나는 토사지반이었다. 따라서 역사서에 기록된 지진의 세기와 피해사례는 대부분 토사지반의 기록이고, 지반공학적인 관점에서 살펴보면 지반증폭 현상이 반영된 기록이라고 볼 수 있다.

또한, 현재 지진재해지도의 문제점은 지진재해지도가 내륙지방으로 갈수록 암반노두 가속소도가 증가하고 해안지역으로 갈수록 가속도 값이 감소하는 특징이 있다. 이는 과거에는 해안지역에 상대적으로 거주 인구가 적었고 내륙지방을 중심으로 거주하였기 때문이다. 그러나 근래에 들어 한반도 내륙 및 해안지역에서 발생하는 지진의 규모를 살펴보면 한반도 근해에서 발생하는 지진의 규모가 크고, 특히 2005년 3월 20일 일본의 후쿠오카에서 발생한 지진의 경우 국내 부산·경남지역과 남해안 해안지역에서 매우 크게 감지되었던 것을 고려하면 향후 국내 지진재해지도는 계측지진을 중심으로 수정해야 할 필요가 있다.

국내 내진설계상위 개념인 내진설계기준연구(II)에서 제시하고 있는 그림 3-14의 경우 역사지진의 자료와 계기지진을 기초로 확률론적인 방법을 바탕으로 작성된 것이다. 그림 3-14의 지진재해도에 나타나 있는 가속도의 값은 설계지반운동 수준을 결정하는 값으로 암반노두의 가속도를 의미한다. 그러나 지진재해도에 나타나 있는 가속도 값은 역사적인 사료를 바탕으로 결정된 값이기 때문에 대부분 지반증폭 현상을 경험한 값으로 볼 수 있다. 따라서 지표면에서 인간의 감각으로 느껴진 진동은 지반증폭 현상이 반영된 값인데 반하여, 국내 지진재해도에서는 이를 다시 암반노두에 적용하도록 하고 있어 지진하중을 과대평가 할 수 있는 개연성이 있다.

예를 들어, '증보문헌비고(增補文獻備考)' 에 따르면 서기 779년(신라 혜공왕 3년) 경주에서 지진으로 100여 명이 사망했다는 기록이 있는데, 경주지역의 경우 신라시대의 도읍지였고 주변에 형산강이 있어 퇴적토가 깊게 발달된 지역이다. 최근 경주지역의 경우 지반조건에 따라 지진시 지반의 증폭 정도를 산정한 연구결과가 있다. 연구결과를 살펴보면 형산강이 지나는 유역의 퇴적토가 깊게 발달된 지역의 기반암이 심도 30m 이상의 깊은 깊이에 존재하고 지반을 분류하였을 경우 대부분 $S_C$ 지반과 $S_D$ 지반으로 분류되고 있다. 또한, 그림 3-14와 같이 경주지역 전체에서 약 1.5배~2배 정도의 증폭이 발생하는 것으로 나타났다.

일반적으로 국지적인 지반조건에 의해 지반증폭 현상이 발생한다는 것은 널리 알려진 사실이다. 내진설계기준연구(II)에서는 암반지반에 비하여 토사지반의 지표면의 가속도는 $S_C$ 지반의 경우 1.18배, $S_D$ 지반의 경우 1.45배, $S_E$ 지반의 경우 2.0배 정도의 증폭이 발생한다. 따라서 국내 내진설계기준의 지진재해도가 암반노두에 적용되는 가속도 값을 제시하고 있는 것을 고려하면, 역사자료에 기록되어 있는 값을 암반노두에 적용하는 것은 다소 무리가 따를 수 있다. 따라서 국내 지진재해도의 경우 역사적인 자료를 바탕으로 산정된 암반노두 가속도를 국지적인 지반조건을 고려하여 국내 지반특성에 적합하도록 개선할 여지가 있는 것으로 판단된다.

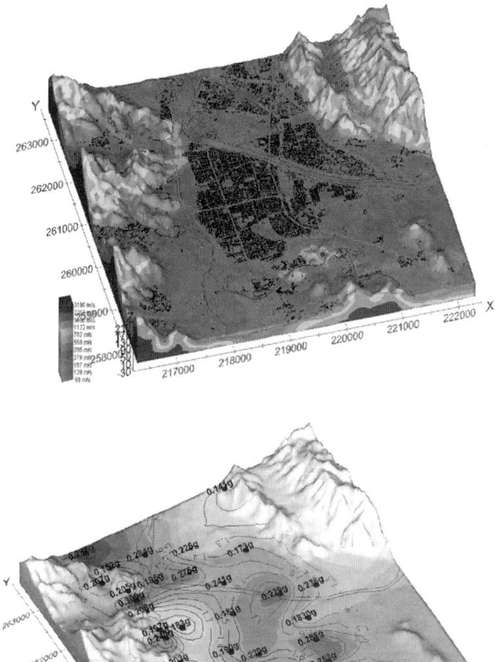

(a) 전단파속도 주상도 지도

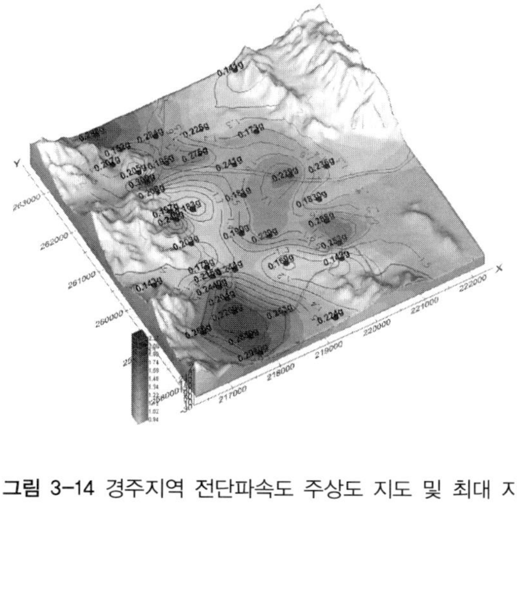

(b) amax및 단주기 영역 증폭계수 재해도

**그림 3-14** 경주지역 전단파속도 주상도 지도 및 최대 지반가속도(amax)와 단주기 영역 증폭계수

# 04 건축물 지진력 저항시스템

## 4.1 서론

국내 내진설계기준(KBC 2005)[1)]은 그동안 국내에서 축적된 내진설계기준에 대한 연구 성과를 바탕으로 미국의 IBC 2000[2)]을 국내현실에 맞도록 개정한 것이다. 이와 함께 설계 지진 수준 또한 과거의 재현주기 500년 지진에서 2400년 지진의 2/3 수준(약 재현주기 1000년) 지진으로 상향조정 되어, 그 이전에 사용되던 기준과 비교할 때 특히 연약지반에서의 설계 지진하중이 대폭 증가하였다. 이러한 경우 설계지진하중을 낮추고 경제적인 설계를 수행하기 위해서는 큰 반응수정계수를 적용할 수 있도록 건물의 연성도를 충분히 확보할 수 있는 적절한 구조시스템을 선정하는 것이 중요하다. 본 보고서에서는 먼저 현행 내진설계에 사용되는 반응수정계수의 기본개념을 파악하고, KBC 2005에 정의된 지진력 저항시스템의 요구조건을 분석하여 KBC 2005의 관련분야 개정방향에 관하여 논의하였다.

## 4.2 반응수정계수

### 4.2.1 반응수정계수의 기본개념

반응수정계수 (R)는 그림 4-1에 나타난 바와 같이 구조물이 탄성 거동할 때 작용하는 지진력 ($V'_E$) 과 설계지진력 ($V$)의 비이다. 식(4-1)

$$R = V'_E / V \qquad (4\text{-}1)$$

R값은 항상 1보다 크므로 구조물의 내진설계에 사용되는 설계지진력은 지진에 의하여 탄성거동하는 구조물에 작용하는 지진력보다 항상 작다. 구조물이 항복한 이후 비탄성 거동을 하면 구조물의 주기는 길어지게 되며, 구조물에 요구되는 강도는 감소한다. 즉 비탄성거동을 통하여 상당한 지진에너지가 소산되므로, 항복하도록 설계된 건물에 작용하는 지진하중은 탄성거동하는 경우의 지진력보다 상당히 감소한다.

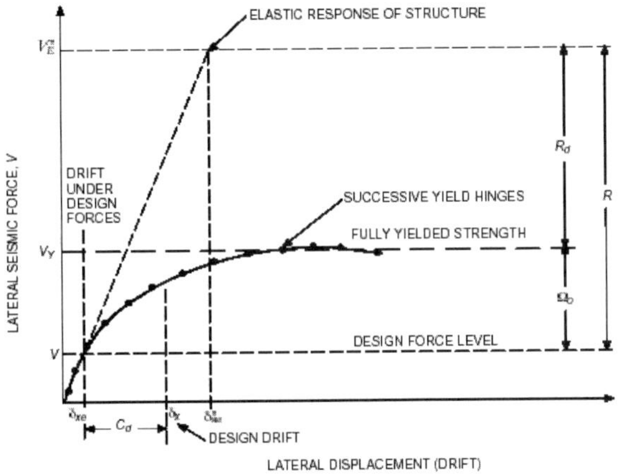


**그림 4-1 비탄성 변위-하중관계**

반응수정계수에 대한 대표적인 연구결과인 ATC-19[3]에 제시된 이론적 반응수정계수 제안 식은 식 4-2와 같이 구조물의 초과강도(Overstrength)계수, 연성(Ductility)계수, 여유도(Redundancy)계수로 구성된다.

$$R = R_s R_\mu R_R \qquad (4\text{-}2)$$

여기서 $R_s, R_\mu, R_R$ 은 각각 구조물의 초과강도계수, 연성계수, 여유도계수를 나타낸다. ATC-34[4]에서는 추가되는 댐퍼의 영향을 고려하기 위하여 위 식에 댐핑계수를 추가할 수 있다고 기술하고 있다. 초과강도계수는 구조물이 실제 보유한 강도에 대한 설계강도의 비로 나타내며. 초과강도계수가 발생하는 원인으로는 부재의 공칭강도를 초과하는 실제 강도의 영향, 설계시 적용하는 안전율, 중력하중의 영향, 시공의 편의를 위해 필요한 단면적보다 큰 부재를 사용하는 경우 등 다양하다. 이러한 초과강도계수는 연성도 계수와 함께 반응수정계수를 구성하는 중요한 요소로 작용하며, IBC-2000에서는 특별한 부재나 구성요소의 설계에 있어서, 초과강도계수를 포함한 특별하중조합에 의해 산정되는 지진력에 안전하게 저항하도록 규정하고 있다. ATC-19에서는 현행 내진설계기준에 사용되는 반응수정계수(R)의 문제점으로 다음과 같은 사항들을 언급하고 있다.

① 현 내진규정들에 규정된 반응수정계수들은 주로 경험적으로 결정된 값들로 이론적 근거가 빈약하다.

② 평면과 입면의 형상에 대한 고려 없이, 같은 시스템을 갖는 모든 건물들에 대하여 동일한 R값을 적용하는 것은 타당하지 않다.

② 지진에 의한 피해를 일관된 수준으로 유지하기 위하여 R값은 건물 고유주기와 지반종류를 고려하여 결정하여야 한다.

④ 각 시스템별로 연성능력이 다르므로 반응수정계수는 각 시스템별 목표 연성능력을 보유하도록 결정되어야 한다.

⑤ 반응수정계수는 구조물의 여유도에 의한 영향을 고려하여야 한다.

이러한 문제점에도 불구하고 현행 내진설계기준에 사용되는 반응수정계수는 실용적인 면에서 적용하기 쉬운 큰 장점이 있으며, 이론적 근거와 실용성을 두루 갖춘 반응수정계수를 제시하기 위해서는 좀더 많은 연구가 필요하다.

### 4.2.2 해외 내진설계기준의 반응수정계수

국내의 내진설계기준에 큰 영향을 미친 해외기준으로는 ATC 3-06[5], UBC 94[6] 그리고 IBC 2000 등이 있다. 이들 기준들 사이의 가장 큰 특징은 밑면전단력 산정시 ATC 3-06과 IBC 2000은 극한강도설계개념을 적용하였고, UBC 94는 $R_w$값을 사용하는 허용응력설계 개념을 적용한 점이다. 대표적인 내진기준의 특징과 반응수정계수의 값을 비교하면 다음과 같다.

#### (1) ATC 3-06

ATC는 구조물의 형식과 지진저항 시스템에 대하여 극한강도설계법에 기본을 둔 반응수정계수(R) 및 변위증폭계수( $C_d$)를 사용하고 있다. 내력벽시스템, 건물골조시스템, 모멘트 골조시스템, 이중골조시스템, 연직 캔틸레버시스템, 기타 골조로 분류된 구조시스템 중 건물골조시스템(총 5유형)에 대한 R값은 다음과 같다.

표 4-1 ATC 3-06의 건물골조시스템 (Table 3-8. Response Modification Coefficients)

| Type of structural system | Vertical Seismic Resisting System | Coefficients | |
|---|---|---|---|
| | | R | $C_d$ |
| Building Frame System<br>A structural system with an essentially complete space frame providing support for vertical loads. Seismic force resistance is provided by shear walls or braced frames. | Light frame walls with shear panels | 7 | 4.5 |
| | Shear walls<br>Reinforced concrete<br>Reinforced masonary | <br>5.5<br>4.5 | <br>5.0<br>4.0 |
| | Braced frame | 5.0 | 4.5 |
| | Unreinforced and partially reinforced masonry shear walls | 1.5 | 1.5 |

### (2) UBC 94

UBC 85에서 UBC 88로 개정되면서 수평하중계수 K가 반응수정계수 $R_w$로 변경되었으며 UBC 94까지 허용응력 개념에 바탕을 둔 $R_w$를 사용하였다. $R_w$는 ATC 3-06의 R값을 사용하여 결정하였으며, 허용응력 설계법에 부합하는 하중을 제공하기 위하여 그 값을 증가시켰다. UBC 94에서는 ATC3-06과 마찬가지로 구조시스템을 크게 5가지로 구분하였다. 철근콘크리트 전단벽의 설계와 상세에 대한 새로운 요구조건, 조적조에 대한 해석과 설계 규정을 정하였고, 특수 집중 가새골조 등의 새로운 시스템이 추가되었다. 또한 시스템에 따른 높이를 제한하고 있다. 표 2는 UBC 94의 건물골조시스템에 대한 $R_w$값을 나타낸다.

표 4-2 UBC 94의 건물골조시스템(Table 16-N. Structural System)

| Basic Structural System | Lateral Force Resisting System | Coefficients | |
|---|---|---|---|
| | | $R_w$ | H(ft) |
| Building Frame System | 1. Steel eccentrically braced frame(EBF) | 10 | 240 |
| | 3. Shear Walls<br>a. Concrete<br>b. Masonry | <br>8<br>8 | <br>240<br>160 |
| | 4. Ordinary braced frames<br>a. Steel<br>b. Concrete<br>c. Heavy timber | <br>8<br>8<br>8 | <br>160<br>-<br>65 |
| | 5. Special concentrically braced frames<br>a. Steel | <br>9 | <br>240 |

### (3) IBC 2000

UBC 97[7]에서부터 극한강도설계 개념에 바탕을 둔 R값이 사용하였으며, 이는 NBC(BOCA), SBC(SBCCI), UBC(ICBO)의 통합기준인 IBC 2000에도 적용되었다. IBC 2000에서도 구조시스템을 크게 6가지로 구분하며, UBC에 비하여 지진력 저항시스템을 보다 상세하게 분류하며, 각 시스템별 반응수정계수(R), 변위증대계수(Cd), 초과강도계수 ($\Omega_o$)를 규정하고 있다. IBC 2000에 새로 도입된 내진설계 범주에 따라 동일 시스템인 경우라도 건축이 가능한 높이가 다르다. 표 4-3은 지진력 저항시스템 중 건물골조시스템(총 21유형)에 대한 R값을 나타낸 것이다. 표 4-4는 ATC 3-06,UBC 94, IBC2000, 국내 기준의 반응수정계수를 비교 정리한 것이다.

**표 4-3** IBC 2000의 건물골조시스템
(Table 1617.6 Design Coefficients and Factors for Seismic-Force-Resisting Systems)

| Baseic Seismic Force Resisting System | $R$ | $\Omega_o$ | $C_d$ | Building Height limitation (ft) | | | | |
|---|---|---|---|---|---|---|---|---|
| | | | | A or B | C | D | E | F |
| 2. Building Frame System (A~U 21 Type) | | | | | | | | |
| A. Steel eccentrically braced frames moment resisting connections at columns | 8.0 | 2.0 | 4.0 | NL | NL | 160 | 160 | 100 |
| B. Steel eccentrically braced frames non-moment resisting connections at columns | 7.0 | 2.0 | 4.0 | NL | NL | 160 | 160 | 100 |
| E. Special reinforced concrete shear wall | 6.0 | 2.5 | 4.5 | NL | NL | 160 | 160 | 100 |
| F. Ordinary reinforced concrete shear wall | 5.0 | 2.5 | 4.5 | NL | NL | NP | NP | NP |
| L. Composite steel plate shear walls | 6.5 | 2.5 | 5.5 | NL | NL | 160 | 160 | 100 |
| U. Light frame walls with shear panels -all other material | 2.5 | 2.5 | 2.5 | NL | NL | 35 | NP | NP |

**표 4-4** 국내외 내진기준의 반응수정계수 비교

| 구조방식 | 수직 지진저항시스템 | ATC 3-06 $R$ | UBC 94 $R_w$ | IBC 2000 $R$ | AIK 2000 $R$ | KBC 2005 $R$ |
|---|---|---|---|---|---|---|
| 내력벽 시스템 | 철근콘크리트 전단벽 | 4.5 | 6 | 5.5/4.5[3)] | 3 | 4.5 |
| | 철근보강조적 전단벽 | 3.5 | 6 | 5/3.5/2.5[1)] | - | 2.5 |
| | 무보강, 부분보강 조적전단벽 | 1.25 | - | 1.5 | - | 1.5 |

| | | | | | | |
|---|---|---|---|---|---|---|
| | 철골가새 골조 | 4 | 6 | 4 | - | - |
| | 철근콘크리트<br>가새골조 | 4 | 4 | - | - | - |
| 건물<br>골조<br>시스템 | 철근콘크리트 전단벽 | 5.5 | 8 | 6/5[3)] | 4 | 5 |
| | 철근보강 조적전단벽 | 4.5 | 8 | 5.5/4/3[1)] | - | 3 |
| | 무보강, 부분보강 조적전단벽 | 1.5 | - | 1.5 | - | 1.5 |
| | 철골편심가새골조(S EBF) | 5 | 10 | 8/7[2)] | 3.5 | 8/7[2)] |
| | 철골보통가새골조 | 5 | 9 | 6/5[3)] | 3.5 | 5 |
| | 철근콘크리트 보통가새골조 | 5 | 8 | - | 3.5 | - |
| | 목재 보통가새 골조 | 5 | 8 | - | 3.5 | - |
| 모멘트<br>골조시<br>스템 | 철근콘크리트 특수모멘트골조<br>(RC SMRF) | 7 | 12 | 8 | - | - |
| | 철근콘크리트 중간모멘트골조<br>(RC IMRF) | - | 8 | 5 | 5 | 5.5 |
| | 철근콘크리트 보통모멘트골조<br>(RC OMRF) | 2 | 5 | 3 | 3.5 | 3 |
| | 철골 특수모멘트골조(S SMRF) | 8 | 12 | 8 | 6 | - |
| | 철골 중간모멘트골조(S IMRF) | - | - | 6 | - | 6 |
| | 철골 보통모멘트골조(S OMRF) | 4.5 | 6 | 4 | 4.5 | - |
| 이중<br>골조<br>시스템 | 철근콘크리트 전단벽과 RC<br>SMRF | 8 | 12 | 8/7[3)] | - | - |
| | 철근콘크리트 전단벽과 RCIMRF | - | 9 | 6/5.5[3)] | 5.5 | 5.5 |
| | 철근보강 조적조와 RC SMRF | 6.5 | 8 | 7/6.5[4)] | - | - |
| | 철근보강 조적조와 RC IMRF | - | 7 | 5 | - | 3 |
| | RC 보통가새골조와 RC SMRF | 6 | 9 | - | - | - |
| | RC 보통가새골조와 RC IMRF | - | 6 | - | - | - |
| | 철근콘크리트 전단벽과 S SMRF | 8 | 12 | 8/7[3)] | 6 | - |
| | 철근콘크리트 전단벽과 S IMRF | - | - | 6/6.5[3)] | - | 5.5 |
| | 철근콘크리트 전단벽과 SOMRF | - | 6 | - | - | - |

| | | | | | | |
|---|---|---|---|---|---|---|
| | 철근보강 조적조와 S SMRF | 6.5 | 8 | 7/6.5[4] | - | - |
| | 철근보강 조적조와 S IMRF | - | - | 5/3[5] | | 3 |
| | 철근보강 조적조와 S OMRF | - | 6 | - | - | - |
| | S EBF와 S SMRF | 6 | 1 | 8/7[4] | 4.5 | - |
| | S EBF와 S OMRF | - | 6 | - | - | - |
| | 철골 보통가새골조와 S SMRF | 6 | 10 | 6 | 4.5 | - |
| | 철골 보통가새골조와 S IMRF | - | - | 5 | - | 5 |
| | 철골 보통가새골조와 S OMRF | - | 6 | - | - | - |
| | 철골 특수가새골조와 S SMRF | 6 | 11 | 8 | 4.5 | - |
| | 철골 특수가새골조와 S IMRF | - | - | 6 | - | - |
| | 철골 특수가새골조와 S OMRF | - | 6 | - | - | - |
| 연직캔틸레버시스템 | | 2.5 | - | 2.5 | 1.5 | 2.5 |
| 기타구조 | | - | - | - | 3 | 3 |

(단, 1) 특수/중간/보통, 2) 모멘트 저항 가새/모멘트 비저항 가새, 3) 특수/보통, 4) 특수/중간, 5) 중간/보통)

## 4.3 지진력 저항시스템

지진력에 저항하기 위하여 사용되는 기본구조시스템은 그림 4-2와 같이 모멘트 저항골조 시스템, 내력벽시스템, 이중골조시스템, 건물골조시스템, 기타 골조시스템으로 크게 구분된다.[10] 국내 내진기준은 IBC 2000을 근간으로 하였으므로 각 지진력 저항시스템의 정의와 IBC 2000의 지진력 저항시스템별 요구사항을 정리하였다.

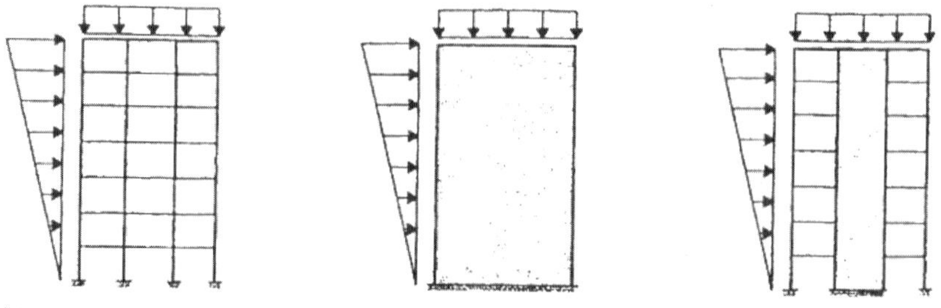

(a) MOMENT-RESISTING FRAME SYSTEM (b) BEARING WALL SYSTEM (c) DUAL SYSTEM

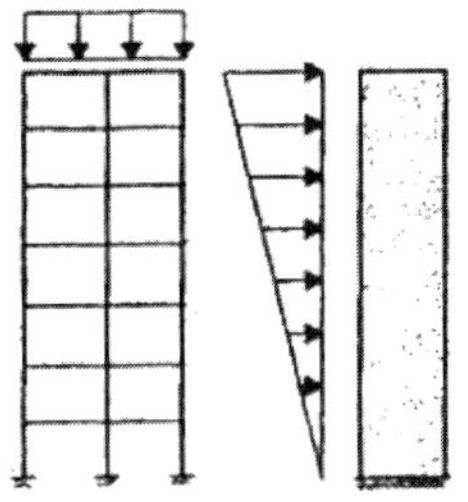

(d) BUILDING FRAME SYSTEM

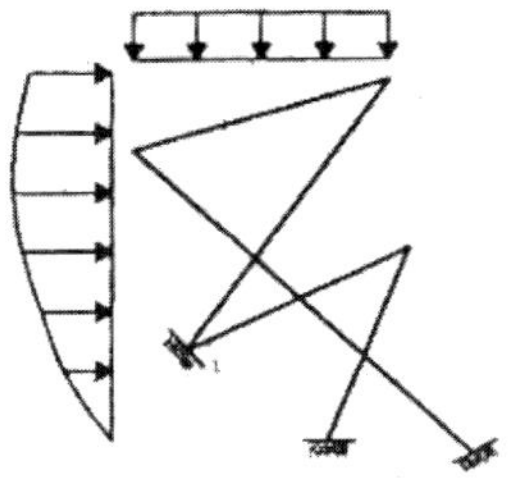

(e) UNDEFINED SYSTEM

**그림 4-2 지진력 저항시스템**

### 4.3.1 내력벽 시스템(Bearing Wall System)

내력벽 시스템은 중력하중을 지지하기 위하여 별도의 골조가 필요 없는 시스템으로 내력벽이 거의 모든 중력하중과 횡력을 지지한다(그림 4-2-(b)). 철근콘크리트 전단벽은 보통전단벽과 특수전단벽으로 구분된다. 보통 전단벽은 ACI 기준의 철근콘크리트 보통 구조용 벽체의 요구사항(ACI 318-99 Ch 14)[11]을 만족하는 벽체이며, 철근콘크리트 특수 전단벽은 ACI 21.6의 요구사항을 만족하는 벽체이다 (IBC 1910. 2. 4). 내진설계범주 A~C의 경우 철근콘크리트 보통 전단벽과 특수 전단벽을 높이 제한 없이 사용할 수 있다. 하지만 내진설계범주 D~F의 경우 철근콘크리트 특수 전단벽만 사용이 가능하며 건물의 높이는 160ft(49m)로 제한된다(IBC 1910.5.1).

### 4.3.2 건물골조시스템(Building Frame System)

건물골조시스템으로 분류되기 위해서는 중력하중을 지지하기 위한 골조와 전단벽의 상호작용을 고려하지 않고, 전단벽 또는 가새골조가 모든 횡력을 저항하도록 설계한다(그림 4-2-(d)). IBC에서는 내진설계범주 A~C의 경우 철근콘크리트 보통 전단벽을 이용하는 경우 높이에 제한을 두지 않고 있다. 내진설계 범주 D, E의 건물골조시스템에는 철근콘크리트 특수 전단벽이 적용되어야 하며, 이 때는 구조물의 높이에 제한이 있고 변형의 적합성을 만족해야 한다. 즉 지진력을 저항하지 않는 골조시스템도 지진력에 의한 횡변위가 발생한 경우 중력하중을 지지할 수 있어야 한다. 이를 위한 모멘트 골조의 상세는 RC의 경우 ACI 318-99 21.9절에 규정되어 있다. SEAOC Blue Book[12)]은 건물골조의 전단벽은 자중을 포함한 중력하중이 벽체의 공칭축력의 10%를 넘지 못하도록 규정하고 있다. 또한 ACI 318-99의 경우 특수전단벽을 사용하는 경우 전단벽의 최대 압축응력이 $0.2f_{ck}$를 초과하는 경우에는 전단벽 단부에 경계요소를 설치하여야 한다. 만약 최대압축응력이 $0.2f_{ck}$를 초과하지만 경계요소를 두지 않는 경우에는 기둥에 요구되는 횡보강근 상세를 전단벽 전체에 배근하여야 한다.[13)]

현재 국내 기준에는 해석 시 변형 적합성을 어떻게 고려해야 하는지, 변형 적합성을 고려할 경우, 부재설계 시 어떠한 보강상세를 적용해야 하는지에 대한 언급이 없으므로, 이에 대한 보완이 필요한 상태이다.

### 4.3.3 모멘트-저항골조시스템

IBC의 모멘트골조는 보통, 중간, 특수 모멘트골조로 구분된다. 철근콘크리트 보통모멘트 골조(RC OMRF : Ordinary Moment Resisting Frame)는 ACI 318-99 1~18장의 사항을 만족해야 하며, 철근콘크리트 중간 모멘트골조(RC IMRF : Intermediate Moment Resisting Frame)는 보통 모멘트 골조의 요구사항과 ACI 318-99 21.2.2.3, 21.10절을 만족해야 한다. 또한 철근콘크리트 특수 모멘트골조(RC SMRF : Special Moment Resisting Frame)는 보통 모멘트골조의 요구사항 외에 ACI 318-99 21.2~21.5절을 만족하여야 한다. KBC 2005에는 RC 중간 및 보통 모멘트골조의 설계계수가 제시되어 있으며, 특수 모멘트골조는 규정되어 있지 않다. 하지만 현재 한국콘크리트학회에서 RC 특수 모멘트골조의 상세에 관한 규정을 제안한 상태이므로 조만간 내진설계기준에도 포함될 수 있을 것으로 사료된다.

철골구조인 경우에는 AISC Seismic Provision[14)]의 9장~11장에 각 모멘트골조의 상세 및 요구사항이 규정되어 있다. 그러나 KBC 2005에는 중간 모멘트골조만 규정되어 있고, 보통 모멘트골조와 특수 모멘트골조는 규정되어 있지 않다.

### 4.3.4 이중골조시스템 (Dual System)

이중골조시스템 그림 4-2-(c)는 다음의 조건을 만족해야 한다.

1. 중력하중을 저항하는 별도의 골조가 존재한다.
2. 골조는 설계밑면 전단력의 최소 25%를 독립적으로 저항해야 한다.

3. 두 개의 하위시스템(모멘트저항골조, 전단벽체)들은 상대 강성에 비례하여 설계전단력에 저항하여야 한다.

KBC 2005에서는 이중골조에 있어서 중간 모멘트 골조(IMRF)에 대해서만 규정하고 있다. IBC의 이중골조는 특수 모멘트골조(SMRF)인 경우와 중간 모멘트골조(IMRF)인 경우로 분류된다. 내진설계 범주 D~F의 경우 특수 모멘트골조와 철근콘크리트 특수 전단벽을 사용하는 이중골조는 구조물 높이에 제한이 없지만, 중간 모멘트골조와 철근콘크리트 특수 전단벽을 갖는 이중골조는 높이가 제한된다. 내진설계 범주 C의 경우 특수 또는 중간 모멘트골조에 철근콘크리트 특수 또는 보통 전단벽을 사용한 이중골조는 높이제한이 없다.

내진설계 범주 A, B에 이중골조시스템이 적용될 경우, 보통 상세를 갖는 모멘트골조가 철근콘크리트 보통 전단벽에 대한 보완장치로 작용하기 어려우므로 이중골조시스템의 기본조건을 만족하지 못할 수 있다. 이를 고려하여 IBC 200315에는 전단벽-골조 상관시스템(shear wall-frame interactive system)이 독립된 지진력 저항시스템으로 추가되었으며, 앞으로 개정되는 국내 설계기준에도 반영될 것으로 사료된다.

### 4.3.5 전단벽-골조 상관시스템(Shear Wall-Frame Interaction System)

전단벽-골조 상관시스템은 모든 층에서 중력은 분포면적만큼 분배되고, 횡력은 두 시스템 간의 상호작용을 고려하여 강성비에 따라 저항한다. 이중골조는 모멘트골조가 독립적으로 지진력의 25%를 저항할 수 있는 시스템인데, 내진설계 범주 A와 B에서는 두 시스템의 비탄성 변형의 차이가 크기 때문에 골조가 제대로 기여할 수 없다. IBC 2000에서는 전단벽 - 골조의 상관 시스템은 중간모멘트 골조를 갖는 이중골조 내의 하부 시스템으로, 단지 내진설계 범주 A 또는 B의 건물에 허용하고 있다. IBC 2003, IBC 200616에서는 독립된 구조시스템으로 규정되어 있으나, 내진설계 범주 A 와 B에만 적용 가능한 것으로 되어 있다. IBC 2006 의 12.2.5.10 절에 따르면 전단벽-골조 상관 시스템의 전단벽은 설계 층전단력의 75% 이상의 전단강도를 보유해야 하고, 골조는 설계 층전단력의 25% 이상의 저항할 수 있도록 설계하여야 한다. 국내 기준에서도 내진설계 범주 A와 B(또는 C)에서는 전단벽-골조 상관시스템을 이용하는 것이 보다 합리적이라 판단된다.

## 4.4 플랫 플레이트 시스템

최근 층고절감과 시공성 향상을 목적으로 플랫 플레이트 시스템이 바닥시스템으로 많이 적용되고 있다. 이중골조시스템으로 분류되기 위해서는 ACI 21.10을 따라 플랫 플레이트를 지진력을 받는 중간모멘트 골조로 설계하여야 한다. 플랫 플레이트 시스템으로는 특수모멘트 골조로 설계하기 어려우며, 전단벽은 ACI 21.6을 따라 특수전단벽으로 설계해야 한다. 반응수정계수는 6으로 규정되어 있으며, 내진설계범주 A~C까지는 높이제한이 없으나, 내진설계범주 D~F까지는 높이에 제한을 받는다.

플랫 플레이트 시스템을 건물골조시스템으로 설계할 경우 골조가 지진력에 저항하지 않고 변형적합성을 만족시키면 되므로 보통모멘트 골조의 상세를 갖고, ACI 21.9를 따라 설계하므로 상세가 보다 간단하다. 전단벽을 보통전단벽을 사용하는 경우에는 내진설계범주 A~C까지만 사용가능하지만 특수전단벽을 사용하면 내진설계 범주 D~F까지 적용가능하다.

전단벽-골조 상관시스템은 보통 모멘트골조와 보통 전단벽을 이용하여 내진설계범주 A, B의 경우 이중골조나 건물골조시스템을 대신할 수 있는 합리적인 시스템이다. 이를 바탕으로 전단벽이 있는 플랫 플레이트 시스템에서는 내진설계범주 A, B에서는 전단벽-골조 상관 시스템이, 내진설계 범주 C~F에서는 건물골조시스템이 적합하다고 판단된다.

IBC 2000에서는 전단력을 받는 전단벽에 축력이 과다하게 작용하는 경우를 방지하고자 전단벽의 최대 압축응력이 $0.2f_{ck}$를 초과하는 경우에는 전단벽 단부에 기둥과 같이 거동하는 경계요소를 설치하도록 하고 있다. 초고층 철근콘크리트 구조물에 철근콘크리트 코어와 플랫 플레이트로 구성된 골조가 많이 적용되는 국내 상황에서 이러한 상세는 시스템의 정의에 따른 거동을 확보하여 구조물의 안전성을 보장하기 위하여 고려할 필요가 있다.

## 4.5 합성구조 및 기타 구조

KBC 2005에는 합성구조의 설계계수가 규정되어 있지 않다. 반면 IBC 기준에는 건물골조, 모멘트골조, 이중골조시스템에 합성구조의 설계계수를 제시하고 있으며,

AISC Seismic Provision에 자세히 규정되어 있다. 또한 튜브시스템, 아웃리거나 벨트 트러스가 설치된 건물 등 초고층 건물에 자주 적용되는 구조시스템도 지진력 저항 시스템에 나타나 있지 않으므로 기타 구조로 분류되어 비교적 작은 반응수정계수(즉 큰 설계지진력)로 설계된다. 철골 강판 전단벽시스템이 이중골조로 분류되어 있지만 설계상세가 제시되어 있지 않으므로 적용하는데 어려움이 있다. 또한 과거에 비하여 설계지진하중 수준이 증가함에 따라 면진장치 및 제진장치 등 지진응답을 저감할 수 있는 장치가 설치된 경우, 향상된 내진 안전성 및 연성도를 고려하여 설계지진력을 저감할 수 있는 방안을 마련할 필요가 있다.

## 4.6 결론

KBC 2005의 근간이 되는 IBC 2000에서는 구조시스템을 관련내진상세의 수준에 따라 특수, 중간, 보통 등으로 구분하고 있다. 특수내진상세를 적용하는 경우, 높은 연성을 갖고 있으므로 큰 비탄성 변형까지 붕괴되지 않고 지진하중에 저항할 수 있다. 따라서 큰 반응수정계수를 사용하여 설계지진력을 저감시킬 수 있다. 하지만 KBC 2005의 경우 모멘트 저항골조시스템만 철근콘크리트 중간모멘트 골조와 철근콘크리트 보통모멘트 골조로 구분하고 있을 뿐, 기타 특수한 내진구조시스템이 정의되어 있지 않다. KBC 2005 내진기준이 의도한 소기의 목적을 달성하기 위해서는 다양한 구조시스템이 적용될 수 있도록 내진상세 기준이 조속히 마련되어야 한다.

## 참고문헌


1. 대한건축학회, 건축설계기준(Korean Building Code), 대한건축학회, 2005.
2. ICC, International Building Code, International Code Council, 2000
3. ATC, Structural Response Modification Factors, Applied Technology Council Report ATC 19, Framington Hills, Michigan, 1995.
4. ATC. A critical review of current approaches to earthquake-resistant design. ATC-34, Applied Technology Council, Redwood City, California, 1995:31-36.
5. ATC, Tentative Provisions for the Development of Seismic Regulations for Buildings, Applied Technology Council Report ATC3-06, 2nd Printing, Palo Alto, California, 1984.
6. ICBO, 1994 Uniform Building Code, International Conference of Building Officials, 1994
7. ICBO, Uniform Building Code, International Conference of Building Officials, 1997
8. AISC. Allowable stress design specification for structural steel buildings. American Institute of Steel Construction, Chicago, 1999.
9. AISC. Load and resistance factor design specification for structural steel buildings. American Institute of Steel Construction, Chicago, 1994.
10. Ghosh SK and Fanella DA. "Seismic and wind design of concrete buildings (2000 IBC, ASCE 7-98, ACI 318-99)" , International Code Council, 2003.
11. ACI, "Building Code Requirements for Structural Concrete (ACI318-99) and Commentary (ACI318-R99)," Framington Hills, Michigan, 1999.
12. SEAOC, "Recommended lateral force requirements and commentary," Seismology Committee Structural Engineers Association of California, Seventh Edition, California, 1999.
13. Ghosh SK and Domel Jr AW, "Design of Concrete Buildings for Earthquake and Wind Forces" , International Conference of building Officials, 1992.
14. AISC, "Seismic Provisions for Structural Steel Buildings," AISC, Chicago, IL, 2005.
15. ICC, International Building Code, International Code Council, 2003
16. ICC, International Building Code, International Code Council, 200

# 05 철근콘크리트 구조물의 내진설계

(-콘크리트구조 설계기준과 KBC 2005를 중심으로)

## 5.1 서론

내진설계의 주된 목적은 인명보호(Life Safety; 예를 들어 구조물의 수명기한 동안 그 지역에서 발생 가능한 최대의 지진재해에 대해 붕괴를 방지함)의 목표를 만족할 수 있도록 구조물에 충분한 강도와 연성을 보유하게 하는 것이다. 중간 또는 강한 지반운동에 노출되는 일반적인 구조물에 대해서 중요한 응력을 받는 일부 구조적 부재에 항복(Yielding)을 허용함으로써 경제적인 내진설계를 이룩하게 된다. 그 지역에서 예상되는 최대 세기의 지반운동으로부터 유발되는 지진력에 대해 구조물이 탄성영역 내에서 반응하도록 설계하는 것은 경제적 및 실용적인 측면에서 바람직하지 않다. 기존의 연구와 경험은 일부 부재에 항복의 발생이 허용되더라도 충분한 연성과 추가 하중경로를 보유한 건물은 강한 지진에 안전하게 버틸 수 있다는 것을 보여주고 있다. 그러나 원자력 발전소와 같은 특정한 형태의 구조물은 구조부재 내에서 항복을 허용할 수가 없으므로 이러한 설계는 탄성설계를 필요로 한다.

일부 특수 건물들(Essential Structures ; 예를 들어 병원, 소방서, 발전소, 통신소 등)은 지진재해의 발생에 구조물의 붕괴를 피하고 살아남아야 할 뿐만 아니라 지진재해 발생 후에도 정상적인 기능을 발휘할 수 있어야 한다. 그러므로 붕괴 방지의 성능목표와 더불어 피해조절(Damage Control)은 필수적인 구조물에 대한 설계를 수행할 때 고려해야 할 중요사항이다. 피해조절은 다른 종류의 구조물에 대해서도 바람직하게 나타날 수 있다. 이것은 초기에 내진설계를 함으로써 추가되는 전체 공사

비가 지진재해 발생 후 구조물의 수리비 및 이 기간 동안 건물의 사용 중단으로 나타나는 경제적 피해를 충분히 상쇄할 수 있다는 사실을 그동안의 지진피해 경험으로부터 얻었기 때문이다.

일반적으로 대부분의 지진관련 기준에서는 최소 규모의 지진에 대해서 구조물에 어떠한 피해도 없어야 하고 중간규모의 지진에 대해서는 무시할 수 있는 구조적 피해와 일부 비구조적 피해를 허용하고 있다. 그리고 강한 규모의 지진에 대해서는 일부 구조적 및 비구조적 피해를 예상하고 있다. 어떠한 경우를 고려하더라도 구조물의 붕괴현상은 나타나지 않도록 하는 것이 내진설계의 가장 중요한 목표이다.

## 5.2 철근콘크리트 건물의 내진설계

다른 하중조건(수직하중, 풍하중, 눈하중 등)에 대한 구조물(철근콘크리트, 강구조, 또는 다른 재료에 대한)의 설계와 마찬가지로 철근콘크리트 건물에 대한 내진설계의 문제점은 설계 초기단계에서 예상되는 힘과 변형을 정의하고 부재와 접합부에 적절한 대응과 상세를 찾는 것이다. 예상되는 하중에 견딜 수 있도록 구조물을 설계하는 것은 요구되는 안정성과 사용성의 검증을 통해 최종 설계를 완성한다는 것이다. 이것은 공학적 측면에서 구조설계에 대한 일반적인 접근방법이다. 그림 5-1은 지진의 영향에 대해 구조물을 설계하는 일반적인 절차를 보여주고 있다. 내진설계 과정은 구조물에 대해 예상되는 구조적인 요구(structural demand)를 결정하고 특정 구조물에 대한 요구조건을 만족하기 위해 필요한 구조적인 성능(structural capacity)을 부여하는 것이다. 초기 설계에 도입되었던 가정들은 해석-설계-평가의 반복적인 과정을 거쳐 최종설계로 완성된다. 같은 유형의 구조물에 대한 성공적인 경험은 최종설계에 도달하기 위한 반복과정을 크게 단축시킬 수 있게 된다.

다른 구조물과 마찬가지로 철근콘크리트 건물에 대한 힘과 변형의 요구 값의 산정은 동적해석에 바탕을 두어 왔다. 구조물의 주기, 중요 부재의 항복강도, 힘-변형에 대한 특성으로 나타나는 구조적인 고려사항은 계산되는 지반운동의 지속시간, 세기 정도 및 주파수 특성 등을 고려하게 된다. 지반운동의 세기 측정은 특정지역에서 역사적인 기록에 바탕을 두어 산정할 수 있다. 주파수 특성과 지속시간의 변화는 대표적인 지반운동의 조합을 고려함으로써 그 특성을 고려할 수 있게 된다.

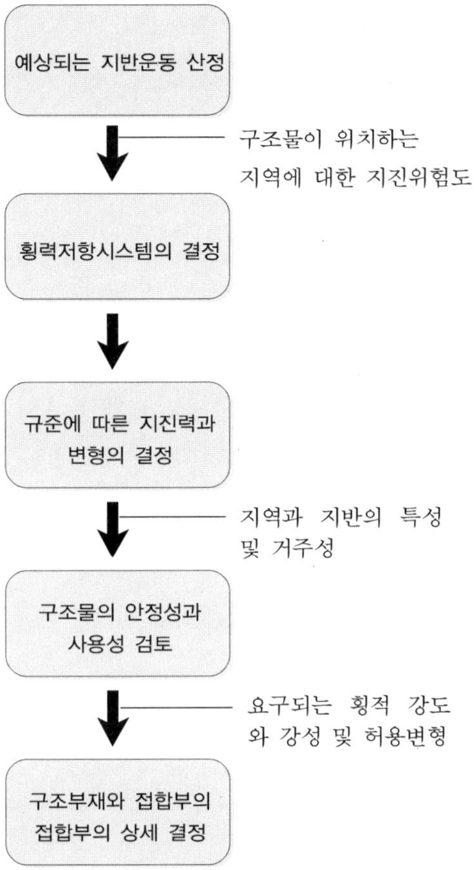


**그림 5-1** 구조물에 대한 내진설계의 일반적 절차

비탄성 동적해석과 함께 구조물의 성능 요구에 대한 유용한 정보는 가상된 지반운동을 바탕으로 한 진동대 실험(Shaking Table Tests)이나 유사 동적 실험(Pseudo-Dynamic Tests)으로 산정하게 된다. 후자의 방법은 단계별로 증가되는 하중의 영향에 따라 정역학적인 방법을 통해 지반운동의 자료와 측정된 강성과 감쇠비를 통해 계산하게 된다.

구조적인 성능은 구조부재의 실험과 해석을 통해 고려되는 하중에 얼마만큼의 성능을 안정적으로 발휘할 수 있는지를 보여주는 것이다. 구조적인 성능 값은 구조물에서 반복되는 주기하중의 적용에 따라 산정하게 된다. 진동대 실험(Shaking

Table Tests)이나 유사 동적 실험도 성능에 대한 유용한 정보를 제공하게 된다. 실제 지진발생에서 나타난 기존 구조물의 관찰된 거동 또한 구조물의 성능 파악에 유용한 정보를 제공하게 된다.

## 5.3 콘크리트구조 상세에서의 변경사유

현재 KBC 2005의 내진설계기준으로 건물을 설계할 경우 종전 기준과 비교할 때 지진하중이 2배~3배 이상 증가하여 실무자들이 구조설계에 어려움을 겪고 있어, 특별내진상세를 적용하여 지진하중을 감소시킴으로써 효율적인 내진설계를 하도록 한다. 이를 위해 콘크리트구조 설계기준 개정판에 특별내진상세와 이에 따른 조항이 포함되도록 한다.

## 5.4 구조시스템 제한과 특수내진상세의 필요성

아래와 같이 중약진 지역에 위치한 건축구조물에 대해 적절한 상세를 통하여 필요한 내진성능을 확보할 수 있게 된다. 여기에는 설계지반운동에 대해 비탄성 변형 능력을 통해 구조물에 유입되는 지진에너지의 능력을 고려해야 한다.

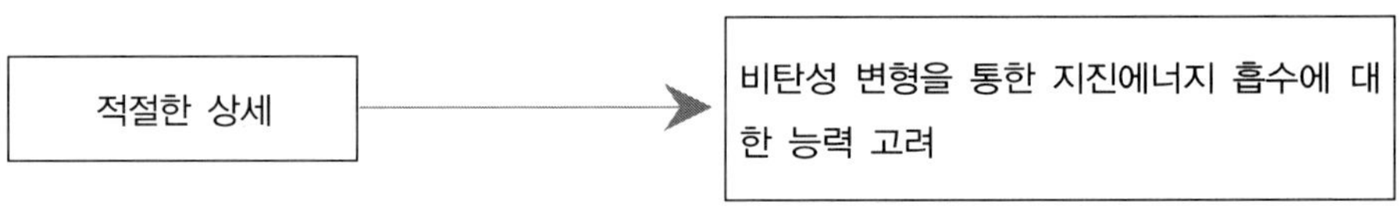


## 5.5 KBC2005의 주요개정 내용

### 가. 설계지진의 새로운 정의

기존 AIK 2000에서는 약 500년의 재현주기를 바탕으로 설계지반운동이 정의되었으나 KBC 2005에서는 IBC 2000을 참고로 하여 2500년 재현주기를 가진 설계지반운동을 기준으로 한다. 여기서 구조물의 변형능력과 기존 반응수정계수의 영향을 계속 사용하기 위해 설계지진의 2/3의 값을 사용하도록 한다.

### 나. 지반등급의 새로운 정의

KBC 2005에서는 연약지반 위에 위치한 건축물에 대한 지진하중의 대폭적인 증가를 가져오게 된다. 이는 기존의 지진위험도 지역만을 고려하던 단계에서 구조물이 위치한 지반상태를 고려한다는 점에서 큰 의의가 있다고 할 수 있다.

| 기준 | 설계지진의 크기 | 비고 |
|---|---|---|
| AIK | 500년 재한주기 | UBS 82 스펙트럼+ATC 3+-06 |
| KBC 2005 | 2500년 재현주기 지진의(2/3)수준 (IBC 2000) | IBC 2000 수펙트럼 |

**다.** 성능기반 설계개념에 의한 내진설계 범주의 도입으로 구조물의 내진성능 목표에 따라 합리적인 내진설계를 확보할 수 있다.

**라.** 초과강도계수의 도입과 지진위험도와 내진설계 범주에 따른 특정 구조시스템의 제한을 통하여 합리적인 구조물의 내진성능을 확보할 수 있다.

## 5.6 연약지반에 위치한 건축물에 대한 지진하중의 대폭적인 증가

아래의 두 그래프는 암반지반과 연약지반에 대해 AIK 2000과 KBC 2005를 기준으로 하여 강도설계용 설계스펙트럼을 비교한 것이다. 대상은 15층의 높이를 가진 중간모멘트 저항골조이다. 암반지역에서는 두 개의 설계스펙트럼이 큰 차이 없이 서로 비슷한 값을 보여주고 있다. 반면에 연약지반에서는 가속도가 일정한 영역(설계스펙트럼이 평탄한 지역)에서 KBC 2005에 의한 설계스펙트럼이 2.5배 정도 큰 값을 보여준다. 이에 따라 연약지반에 위치한 구조물의 경우에는 상당히 증가된 설계지반 전단력에 따라 설계되어야 할 경우가 발생하므로 이는 적절한 내진상세가 수반된 반응수정계수의 도입으로 합리적인 설계를 취할 수 있다.

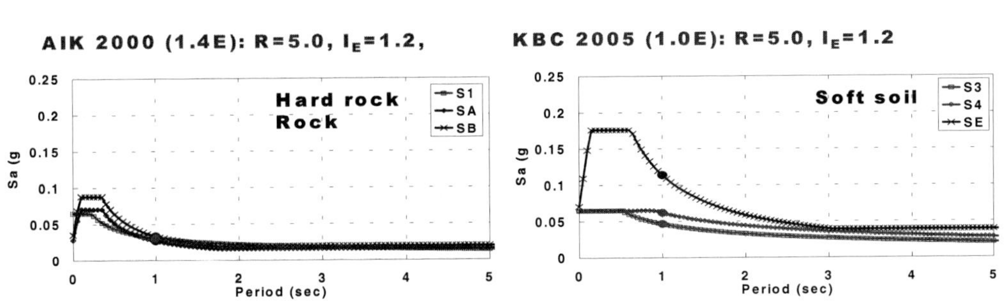

## 5.7 횡력저항구조시스템의 종류 및 관련계수

기존 KBC 2005에서는 지진위험도에 따른 적절한 내진성능을 확보하기 위해 설계스펙트럼이 개발되었으나 이를 뒷받침하기 위한 내진상세와 구조시스템의 정의와 확립이 미흡한 상태로 여겨지고 있었다. 이를 보완하기 위해 콘크리트구조 설계기준의 개정판에서는 특수모멘트골조, 특수전단벽 그리고 이에 관련된 건물골조시스템과 이중골조시스템이 포함되어 있다.

| 기준 | IBC 2000 | | | | | KBC 2005 | | |
|---|---|---|---|---|---|---|---|---|
| 횡력시스템 | 구조시스템 | R | $\Omega_0$ | 높이제한(m) | | 구조시스템 | R | $\Omega_0$ |
| | | | | SDC C | SDC D | | | |
| 내력벽 | 특수전단벽 | 5.5 | 2.5 | NL | NP | 전단벽 | 4.5 | 2.5 |
| | 보통전단벽 | 4.5 | 2.5 | NL | 50 | | | |
| 건물골조 | 특수전단벽 | 6 | 2.5 | NL | 50 | 전단벽 | 5 | 2.5 |
| | 보통전단벽 | 5 | 2.5 | NL | NP | | | |
| 모멘트골조 | 특수 MRF | 8 | 3 | NL | NL | 중간 MRF | 5 | 3 |
| | 중간 MRF | 5 | 3 | NL | NP | 보통 MRF | 3 | 3 |
| | 보통 MRF | 3 | 3 | NP | NP | | | |
| 이중골조 | 특수 MRF | | | | | 중간 MRF + 전단벽 | 5.5 | 2.5 |
| | + 특수전단벽 | 8 | 2.5 | NL | NL | | | |
| | + 보통전단벽 | 7 | 2..5 | NL | 50 | | | |
| | 중간 MRF | | | | | | | |
| | + 특수전단벽 | 6 | 2.5 | NL | NP | | | |
| | + 보통전단벽 | 5.5 | 2.5 | NL | NP | | | |

## 5.8 변형 적합성의 적용

지진하중에 저항하지 않더라도 그로 인한 횡변위와 중력하중을 견딜 수 있어야 한다. 이는 구조물이 큰 비탄성 변형을 경험할 때 실제 횡력저항시스템에 포함되어 있지 않은 구조물도 이때의 변형을 겪으면서도 수직하중의 지지능력을 계속 보유할 수 있도록 하기 위함이다. 아래의 그림은 건물골조시스템에서 변형 적합성의 예를 보여주고 있다.

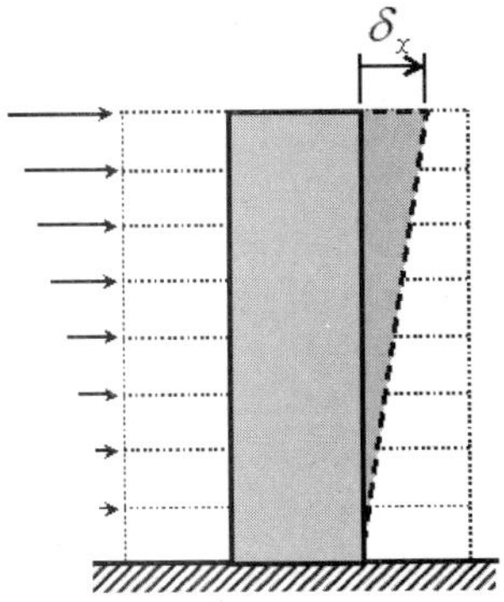

전단벽 : 100%의 지진하중에 저항

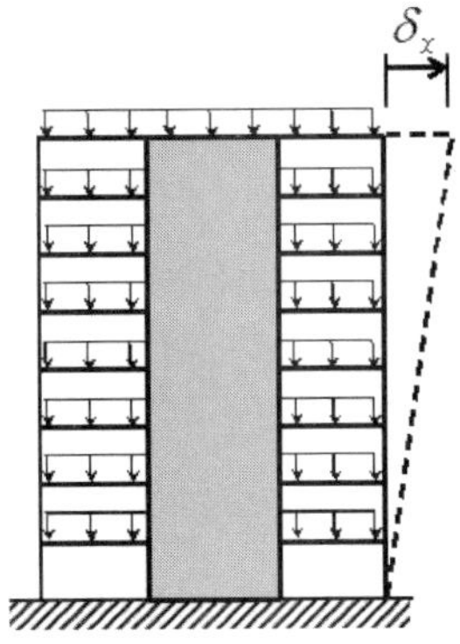


골조 : $\delta_x$

## 5.9 콘크리트구조설계기준의 주요개정 내용

다음 표는 콘크리트구조설계기준에서 21장에서 추가된 부분을 정리한 것이다.

| 기존 | 개정 | 비고 |
|---|---|---|
| 21.1.2 기호 | 21.1.2 기호 | 추가된 기호 첨가 |
| | 21.2 정의 | 추가된 용어의 정의 첨가 |
| 21.2 일반규정 | 21.3 일반사항 | 추가된 내용을 반영 |
| | 21.4 특수모멘트골조의 휨재<br>21.5 휨과 축하중을 받는 특수 모멘트골조의 부재<br>21.6 특수모멘트골조의 접합부<br>21.7 특수철근콘크리트 구조벽 연결보<br>21.8 구조격막과 트러스<br>21.9 기초<br>21.10 지진력에 저항하지 않는 골조부재 | 추가 |
| 21.3 골조에 대한 요구사항 | 21. 11 중간모멘트골조 요구사항 | 일부내용 수정 |

## 5.10 내진상세 요구조건

각각의 횡력저항 요소에 따라 구조물이 약진, 중진 또는 중진 및 강진지역에 위치한 콘크리트구조시스템의 경우 아래의 표와 같이 해당된 장에 따라 상세기준이 정해지게 된다. 이 절의 요구사항을 만족하지 않는 철근콘크리트구조시스템의 경우도 실험 혹은 해석에 따라 이 장에서 요구하는 충분한 강도와 인성을 보유하는 것으로 입증되는 경우 내진시스템으로 허용할 수 있도록 정의하고 있다.

| 횡력저항요소 | 설계범주 또는 내진성능에 따른 위험수준 | | |
|---|---|---|---|
| | 약진 | 중진 | 중진 및 강진 |
| | 보통콘크리트구조 시스템 | 중간콘크리트구조 시스템 | 특수콘크리트구조 시스템 |
| 골조구조 | 1-17, 19장 | 21.11 | 21.3-21.6 |
| 구조벽과 연결보 | 1-17, 19장 | - | 21.2, 21.7 |
| 구조격막과 트러스 | 1-17, 19장 | - | 21.3, 21.8 |
| 기초 | 1-17, 19장 | - | 21.3, 21.9 |
| 지진력에 저항하지 않는 골조부재 | - | - | 21.3, 21.10 |

## 5.11 특수모멘트골조의 휨부재 (21.4)

지진하중의 영향에서 보 부재는 일반적으로 보의 끝에 연결되는 접합부에서 기둥과 함께 가장 큰 응력을 받게 된다. 예외적인 경우는 큰 집중하중이 경간의 중앙에 작용하는 경우이다. 이러한 특징으로 인해 보 부재의 설계에서 주된 관심은 기둥에 면하는 보의 위치가 되는데, 이곳에 소성힌지가 발생할 가능성이 가장 크기 때문이다. 잠재적인 소성힌지 발생 영역에서는 지진하중에 의해 주기적으로 발생되는 비탄성 변형 요구에 저항할 수 있는 보의 강도와 연성이 필요하며, 이는 특히 내진설계에 있어서 특별한 관심이 요구된다. 이는 보의 주철근을 구속하는 횡방향 철근에 대한 상세의 명시로 나타나게 된다. 예상되는 바와 같이 잠재적인 소성 힌지 부근에 위치하는 횡방향 철근의 설계는 수직하중과 풍하중에 대한 설계와 내진설계에서 작은 응력을 받는 부재의 설계에 비해 더 엄격하게 된다. 그림 5-2는 내진설계에서(특히 강진 지역에서) 요구되는 횡방향 철근의 상세를 보여주고 있다. 보의 소성힌지 발생 가능성이 높은 부분에 고려되는 횡방향 철근은 다음 세 가지의 주 목적으로 설계하고 있다; (1) 콘크리트 코어에 대한 구속(confinement), (2) 비탄성 좌굴에 대한 길이방향 압축철근의 지지, (3) 구속된 콘크리트와 더불어 수평 전단력에 대한 저항.

기존의 많은 실험과 연구로부터 콘크리트의 강도, 콘크리트의 구속, 인장과 압축 철근의 양과 항복강도, 그리고 압축부분에서 콘크리트 플랜지의 역할과 더불어 보에서의 휨 연성능력은 전단강도에 크게 영향을 받는 것을 알 수 있다. 예상되는 부재의 연성능력을 충분히 발휘하기 위해 변위 연성비 4.0 또는 그 이상의 값이 예상될 때 공칭 전단강도는 일반적인 지진 기준에서 특정 값 이하로 제한되게 된다. 철근콘크리트 부재의 설계에 있어 주된 목표는 전단이나 또는 취성적 파괴 메커니즘보다는 휨에 의해 조정되는 강도를 갖는 것을 목표로 한다. 전단력에 파괴되기 이전에 휨에 대해 완전한 강도를 발휘할 수 있도록 하기 위해 ACI기준의 내진설계에서는 보 부재의 전단력에 대한 설계시 보의 양끝에 나타날 수 있는 최대 가능 휨강도( $M_{pr}$ )에 따라 설계할 것을 요구하고 있다. 이는 그림 5-4에 나타나는 바와 같이 인장철근의 강도를 항복강도( $f_y$ )의 1.25배의 값과 강도 감소계수 1.0(기존 0.9와는 달리)을 이용하여 계산하게 된다. 계수 1.25의 사용은 실제 철근의 항복강도가 공칭 강도보다 큰 경우를 고려하기 위함이며(실제 실험에서 10~25% 큰 것으로 보여줌) 보의 끝단에서 소성힌지의 발생에 따라 변형률 경화(Strain Hardening) 현상이 발생할 수 있는 높은 가능성을 염두에 두었기 때문이다.

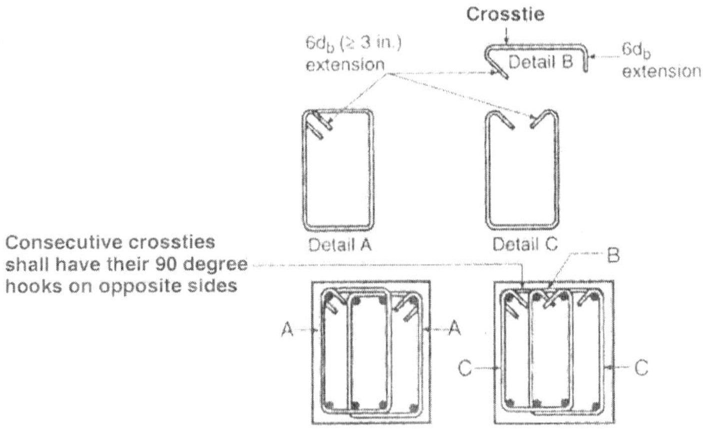


그림 5-2 휨을 받는 부재의 횡철근 상세(강진지역)

## 5.12 휨과 축하중을 받는 특수모멘트골조의 부재(21.5)

철근콘크리트 건물의 내진설계에 대한 현재의 접근방법은 대부분의 심각한 비탄성 변형 또는 소성힌지의 발생은 기둥 부재 대신에 보 부재에서 발생하도록 의도하고 있다. 이는 "강한 기둥 - 약한 보(Strong column - Weak beam)" 의 개념으로 표현되며 지진발생 시 구조물이 큰 횡방향 변위를 겪는 동안 구조물의 안정성을 유지하기 위함이다. 층과 층 사이를 지지하는 기둥의 양쪽 끝부분에서 소성힌지의 발생은 기둥이 지지하고 있는 층의 위와 아래에 구조물의 붕괴를 가져 올 수 있는 층 메커니즘(Story Mechanism)을 일으킬 수 있기 때문이다.

만약 $\sum M_{c} \geq \frac{6}{5}\sum M_{g}$ 를 만족하지 못할 경우

1) 횡력에 대한 해당기둥의 기여를 무시한다.
2) 횡방향 철근은 기둥의 전체 높이에 걸쳐 횡철근 규정을 만족시켜야 한다.

미국 ACI 기준에서는 보-기둥 접합부에서 기둥의 휨강도 합은 같은 평면에 접한 보의 휨강도에 비해 1.2배 또는 그 이상을 요구하고 있다. 철근콘크리트 보-기둥 구조물에서는 슬래브의 존재가 보의 유효 휨강도를 증가시키고, 이는 기둥 부재 대 보 부재의 휨강도 비율을 감소시키므로 슬래브의 존재를 고려하게 되어 있다. 기둥 내에서 힌지의 발생으로 인해 나타나는 강도 감소에 대한 안전성을 확보하기 위해 기준에서는 일반적으로 소성힌지의 발생 가능성이 높은 부분에 대해 구속력과 전단성능 향상을 위해 횡방향 철근을 요구하고 있다. 이는 횡변형의 발생으로 인해 콘크리트 표면이 파괴되어 떨어져 나간 이후에도 기둥의 축방향 압축지지 능력을 보존하기 위함이다. 이것은 수직하중과 풍하중에 대해 나타나는 기둥 설계기준에 내재되어 있는 개념과 같은 것이다.

아래의 그림은 휨과 축하중을 받는 특수모멘트골조에서 부재의 횡철근 상세를 보여주고 있다.

21.5.4 횡방향 철근의 상세

$$A_{sh} \geq \begin{cases} 0.3sh_c[A_g/A_{ch}) - 1]f'_c/f_{yh} \\ 0.09sh_c f'_c/f_{yh} \end{cases} \qquad \rho_s \geq \begin{cases} 0.12f'_c/f_{yh} \\ 0.45[A_g/A_c) - 1f'_c/f_{yh} \end{cases}$$

$$\text{중심간격} \leq \begin{cases} 0.25(\text{smaller of } h_1, \text{ or } h_2 \\ 6d_b(\text{주근}) \\ 100\,\text{mm} \leq S_x = 100 + [(350 - h_x)/3] \leq 150\text{mm} \end{cases}$$

21.5.4 횡방향 철근의 상세

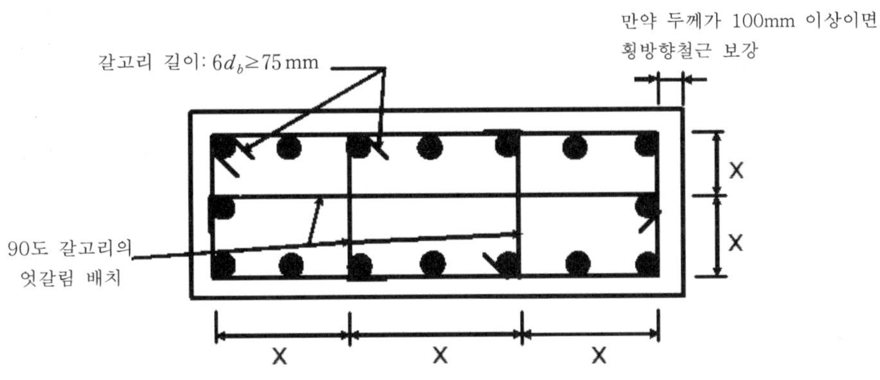


$x \leq 350\,\text{mm}$

$h_x$ = 모든 기둥면에서 $x$의 최대값

$100\,\text{mm} \leq S_x = 100 + [(350 - h_x)/3] \leq 150\text{mm}$

## 5.13 불연속벽체를 지지하는 기둥(21.5.4.5)

불연속 벽체를 지지하는 기둥은 모든 부재 길이에 걸쳐 횡구속 철근을 배근해야 하며, 벽체 내부로 정착길이 만큼 정착되어야 하고, 기초에도 최소한 300mm 이상 정착되어야 한다.

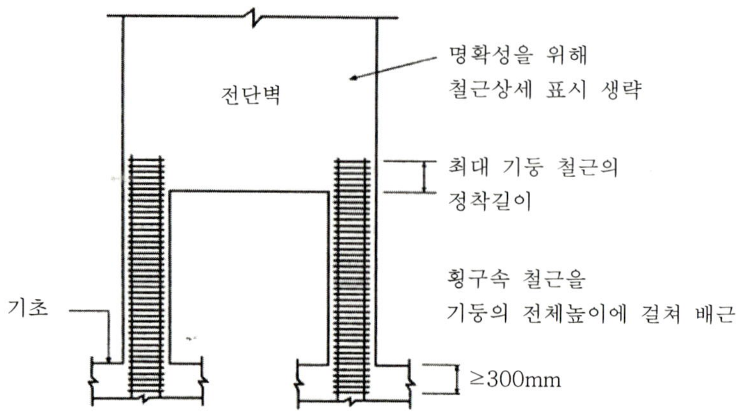


## 5.14 특수모멘트골조의 접합부(21.6)

골조구조물에서 보-기둥 접합부는 중요한 부재이다. 이는 지진하중을 받을 때 높은 전단력 및 철근과 콘크리트 사이의 부착 미끄러짐(bond-slip)이 발생될 수 있기 때문이다. 보-기둥 접합부는 연결된 부재들이 적절하게 거동할 수 있도록 설계되어야 한다. 즉, 큰 비탄성 변형을 겪는 동안 접합부는 적절하게 상세가 고려되어 여기에 연결되는 보와 기둥이 그들의 강도와 강성을 유지 및 보존할 수 있어야 한다. 접합부의 훼손(예를 들어 접합부내의 지나친 균열 발생과 콘크리트의 파손 등)으로 인한 골조구조물의 강성 또는 강도의 감소는 골조물의 지나친 횡변위를 가져올 수 있으며, 이는 P-delta 효과에 따른 구조물의 불안정성을 초래할 수 있다.

보-기둥 접합부 설계의 목표는; (1) 접합부의 일체성을 유지함으로써 여기에 연결된 보와 기둥의 강도와 변형성능을 유지하고, (2) 접합부의 균열, 콘크리트와 보 또는 기둥 내의 주철근의 미끄러짐 또는 보 부재에 위치한 주철근의 정착파괴(Anchorage Failure) 등에 따른 접합부의 심각한 강성 감소를 방지하는데 있다. 여기서의 주된 관심은 높은 전단력의 반복에 의한 접합부 코어의 파괴이다. 이를 방지하기 위해 충분한 억제력을 접합부에 부여함과 동시에 전단 저항력을 부여하는 것이 보-기둥 접합부에 대한 내진설계의 주된 목표이다.

21.6.4.1

(보통콘크리트)

$$\geq \begin{cases} 8d_b \\ 150\,\text{mm} \\ l_{dh} = f_y d_b / (5.4\sqrt{f_{ck}}) \quad (\text{식 } 21.6) \end{cases}$$

(경량콘크리트)

$$\geq \begin{cases} 10d_b \\ 190\,\text{mm} \\ l_{dh} = 1.25 f_y d_b / (5.4\sqrt{f_{ck}}) \end{cases}$$

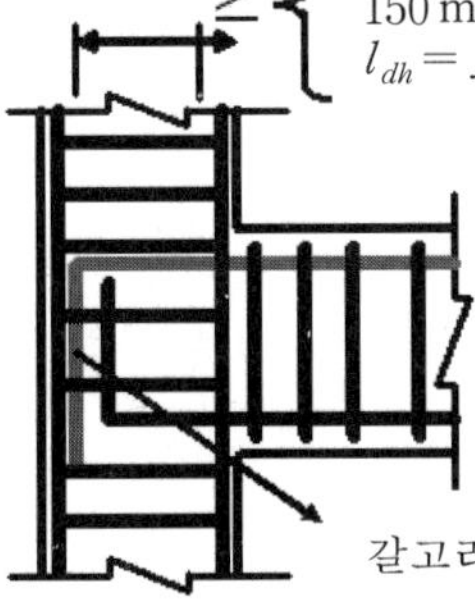


21.6.4.2 직선철근의 정착길이

21.6.4.1에 의한 길이의 2.5배(철근 하부의 콘크리트 깊이가 300mm 이내)

21.6.4.1에 의한 길이의 3.5배(철근 하부의 콘크리트 깊이가 300mm 초과)

## 5.15 특수경계요소(변위기반 설계법, 21.7.6.2)

벽체 단면이 기초에서 지붕 최상단까지 효과적으로 연속된 경우, 휨과 축력에 대해 1개소의 위험단면을 갖는다. 여기서 아래 식과 같이 c가 일정값 이상이면 특별경계요소를 두어야 한다.

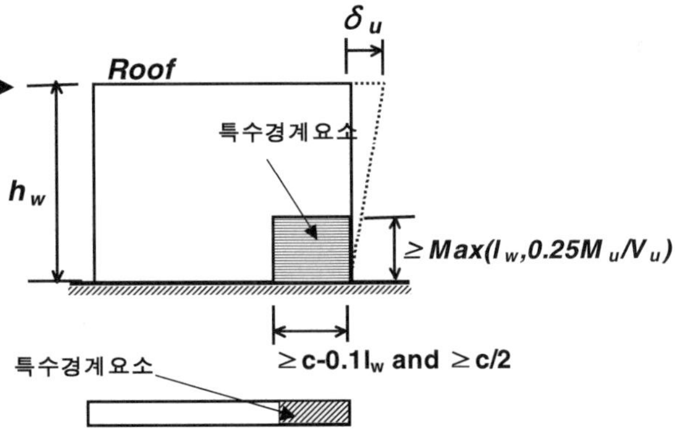


$$c \geq \frac{l_w}{600(\delta_u / j_w)}$$

$$\delta_u / h_w \geq 0.007$$

## 5.16 연결보(21.7.7)

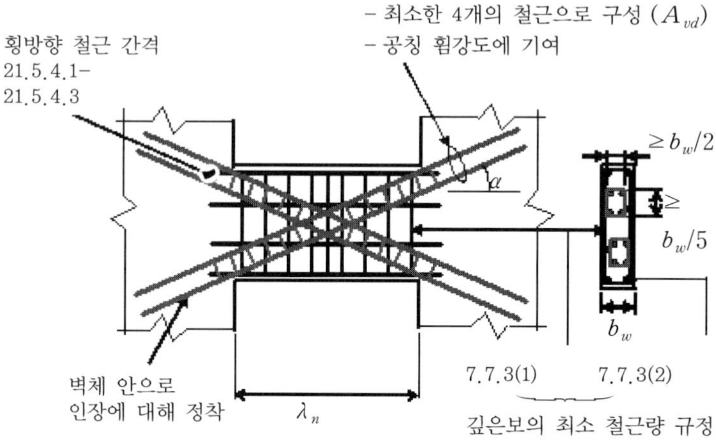


## 5.17 구조격막과 트러스(21.8)

21.8.1 적용범위 : 내진시스템의 일부로 작용하는 트러스 뿐만 아니라, 지진으로 발생하는 하중을 전달하는 버팀재(strut), 연결재(tie), 현재(chord) 및 수집재(collector)에 적용하도록 정의되어 있다. 여기서 수집재(Collentor element), 이음재, 그리고, 지지부재와의 접합부는 특별하중조합에서 정의된 지진하중에 저항할 수 있어야 한다. (IBC 2000 1620.3.4)

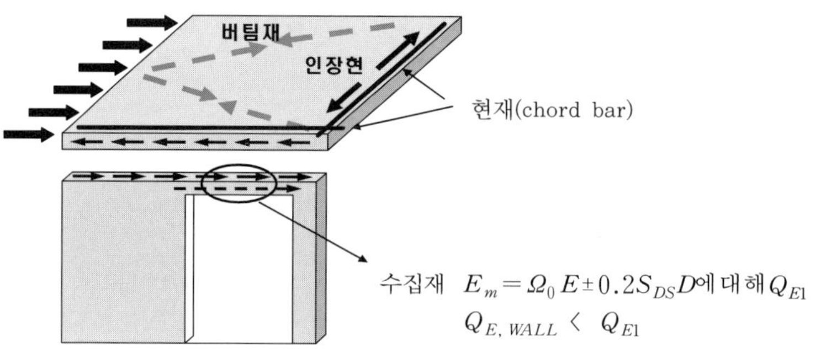

## 5.18 지진력에 저항하지 않는 골조부재(21.10)

아래의 흐름도는 지진력에 저항하지 않는 골조부재의 설계 상세규정을 다룬 것이다.

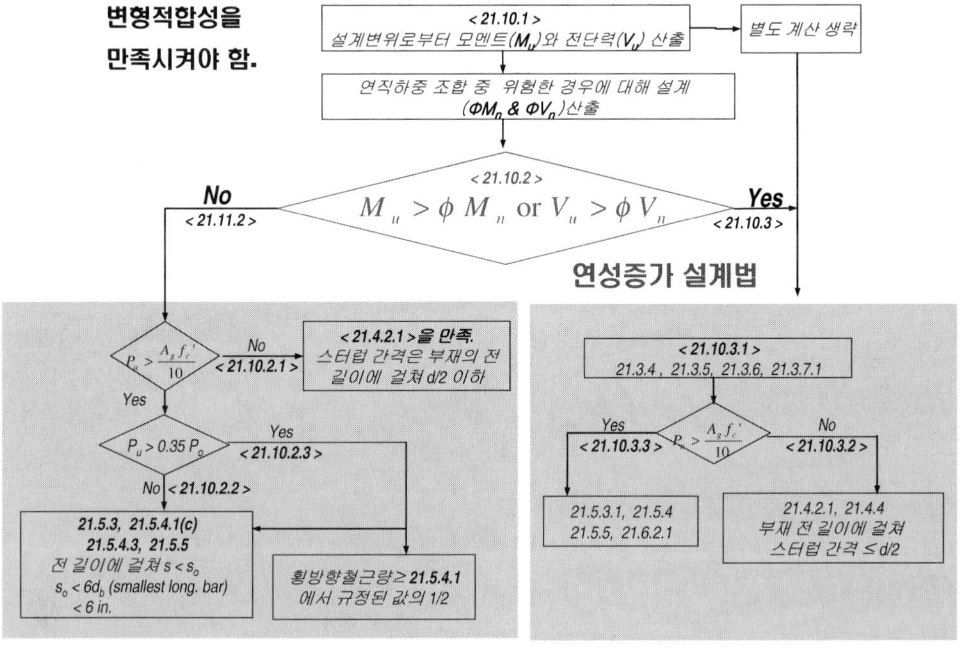


## 5.19 결론

새롭게 지어질 건물과 기존 건물에 대한 내진성능을 예측하는 것은 어렵다. 이것은 지진 반응에 많은 종류의 요소들이 관련되어 있을 뿐만 아니라, 기본적으로 실제 거동에 복잡성이 존재하기 때문이다. 이와 더불어 실제 거동을 정확히 묘사함에 있어서 우리가 결정할 수 있는 능력에 내재되어 있는 부정확성, 구조물의 특성에 대한 정확한 판단이 요구될 때 나타나는 지식의 부족, 그리고 미래에 다가올 지반 운동에 내재되어 있는 임의성(randomness) 등으로 인해 내진성능의 예측은 기본적으로 심각한 불확실성(uncertainty)을 수반하게 된다. 그러나 실험과 해석에 바탕을 둔 연구의 발전과 주요지진 발생시 관찰되었던 구조물의 거동은 학자와 실무 공학자들이 내진설계에 내재되어 있는 어려움을 합리적으로 풀어나갈 수 있는 중요한 기반을 제공하고 있다.

이번 개정되는 콘크리트구조 설계기준의 특징은 1) 골조에 대한 요구 전단력 및 요구 휨강도 증가, 2) 구조벽에 특수경계요소를 두어 상세 강화, 3) 연결보의 대각 전단보강법 제시, 4) 기초의 정착부분에 대한 상세 강화, 5) 지진에 저항하지 않는 골조부재에 대한 변형적합성 요구 제시하는 것으로 볼 수 있다. 이의 개정내용을 뒷받침하기 위해서는 특수 설계 상세안이 콘크리트구조 설계기준에 제시됨에 따라, 이에 상응하는 KBC 2005의 개정이 필요할 것으로 생각된다. 또한 관련된 건축구조물의 예제연구를 통하여 개정된 내진상세에 대한 시공성과 경제성에 대한 비교와 분석이 이루어져야 할 것으로 보인다.

# 06 강구조물의 내진설계

(KBC 2005를 중심으로)

## 6.1 개요

1988년 12월에 대한건축학회에서 『극한강도설계법에 의한 철근콘크리트구조계산 규준 및 해설』이 제정되었으며, 1997년에 건설교통부 고시 제 1997-375호에 『강구조 한계상태 설계기준』이 고시된 이후 1998년 10월에 대한건축학회에서 『강구조 한계상태 설계기준 및 해설』이 제정되었다. 그 후 7년이 지난 2005년에 건설교통부에서 『건축구조설계기준(KOREAN BUILDING CODE-STRUCTURAL)』이 고시되었다.

본 제안서에서는 강구조를 중심으로 한 내용을 주로 검토하여 보고서를 작성하는 것을 기본으로 하였다. 우선은 내진에 관련되어 강구조의 내용이 포함되어야 할 부분을 우선적으로 다루었고, 일반적인 강구조설계에서 발생하는 문제점을 거론하여 향후 수정보완을 위한 기초자료로 사용하는 것을 주 목적으로 한다.

## 6.2 내용 및 범위

KBC 2005가 고시된 지 1년이라는 시간이 지나면서 여러 문제가 도출되었다. 콘크리트 구조는 88년 극한강도설계법 이후 현재 모든 구조설계사무소에서 허용응력설계법이 아닌 극한강도설계법으로 콘크리트구조물을 설계하고 있다. 그러나 강구조는 현재에도 허용응력도 설계법으로 설계하고 있는 실정이다. 즉 97년 건설교통부 고시 이후 10년이라는 시간이 지난 현재에도 아직 한계상태설계법이 정착되지 않았다. 따라서 한계상태설계법에 관한 심도 있는 고찰이 필요하게 되었다.

본서에서 다루는 주요현안은 강구조 구조시스템과 강구조에서의 내진설계시 특별고려사항이 빠져있다는 것일 것이다. 콘크리트구조에는 내진설계시 특별고려사항을 0521의 한 장을 할애하여 기술하였으나, 강구조의 경우에는 기둥, 보, 접합부에서 반드시 추가되어야 할 내진설계시의 특별 고려사항이 없다. 따라서 반드시 추가되어야 할 사항으로 판단된다. 따라서 본 기술은 주로 지진저항력 시스템의 강구조에 추가되어야 할 부분과 강구조의 내진설계시 특별고려사항들을 정리하였다.

## 6.3 지진력 저항시스템에 대한 강구조의 적정설계계수의 보완

강구조의 내진설계를 위해서는 다양한 종류의 강구조 내진저항시스템의 구분이 필요하고 이에 따른 적정 설계계수가 필요하다. 설계계수란 반응수정계수 R, 시스템 초과강도계수 $\Omega_0$, 변위증폭계수 $C_d$를 포함한다.

현재 KBC 2005의 표 0306.6.1은 지진력 저항시스템에 대한 설계계수를 기술하고 있다. 그러나 위의 표에서 강구조의 지진력 저항시스템의 구분이 미약하므로 좀 더 상세한 구분이 실무적 차원에서 요구되고 있다.

표 1에서 다루어진 주요변경은 강구조를 특수모멘트골조(Special moment frame, SMF), 중간모멘트골조(Intermediate moment frame, IMF) 및 보통모멘트골조(Ordinary moment frame, OMF)로 나누었다는 점이다. 기존의 KBC 2005 표 0306.6.1을 보면 3항의 철골모멘트골조는 위의 3개의 모멘트 종류를 특별히 구분하지 않았다.

그러나 강구조의 내진설계에 있어서 SMF, IMF, OMF의 종류 및 상세 내진거동이 분명히 다르므로 이를 구분해주는 것이 타당하리라 생각된다. KBC의 표 0306.1은 SMF와 IMF의 중간 정도의 값이라 생각되며, 그렇다면 변위증포계수는 상당히 낮추어야 구조설계가 타당하리라 생각된다. 그러나 현재 사용하고 있는 3번 항의 변위증폭계수 $C_d$ 3.5 특수모멘트골조를 위한 변위증폭계수라기보다는 보통모멘트 저항골조의 변위계수로서 적합하다고 판단된다.

표 1의 경우 이중골조시스템의 경우 특수모멘트골조로 된 이중골조에 대한 설계계수의 경우는 본 표에서는 제외되어 있다. 본 제안에서도 특수모멘트골조의 경우

는 중간모멘트골조로 당분간은 대체하여 설계하도록 구조기술자의 자유에 맡기는 것으로 가정하고 현재로선 추가하지 않았다.

그러나 중간모멘트골조를 가진 이중골조시스템의 경우 4-d와 4-e를 추가하였다. 앞으로는 철골조와 철근콘크리트구조가 결합된 전단벽시스템은 많이 발생할 수 있다고 생각한다. 예를 들어 Steel Plate-Concrete Structure(이하 SC구조)의 경우 많이 발생할 것이고, 이에 대한 구조물도 증가하는 추세이다. 따라서 추가하는 것이 타당하여 신설하였다.

**표 6-1** 지진력 저항시스템에 대한 설계계수 제안

| | | | | 비고 |
|---|---|---|---|---|
| | 반응수정계수 R | 시스템초과 강도계수 $\Omega_0$ | 변위증폭계수 $C_d$ | |
| 1. 내력벽시스템 | | | | |
| 1-a, 철근콘크리트 전단벽 | 4.5 | 2.5 | 4 | 기존 |
| 1-b, 철근보강 조적전단벽 | 2.5 | 2.5 | 1.5 | 기존 |
| 1-c, 무보강 조적전단벽 | 1.5 | 2.5 | 1.5 | 기존 |
| 1-d, 경량골조의 보통강가새 골조내력벽 | 4 | 4 | 3.5 | 신설 |
| 2. 건물골조시스템 | | | | |
| 2-a, 철골편심가새골조(모멘트 저항 접합) | 8 | 2 | 4 | 기존 |
| 2-b, 철골편심가새골조 (비모멘트저항 접합) | 7 | 2 | 4 | 기존 |
| 2-c, 철골중심가새골조 | 5 | 2 | 4.5 | 기존 |
| 2-d, 철골강판 전단벽 | 6.5 | 2.5 | 5.5 | 기존 |
| 2-e, 철근콘크리트 전단벽 | 5 | 2.5 | 4.5 | 기존 |
| 2-f, 철근보강조적 전단벽 | 3 | 2.5 | 2 | 기존 |

| | | | | 비고 |
|---|---|---|---|---|
| | 반응수정계수 R | 시스템초과 강도계수 $\Omega_0$ | 변위증폭계수 $C_d$ | |
| 2-g, 무보강조적 전단벽 | 1.5 | 2.5 | 1.5 | 기존 |
| 3. 모멘트-저항골조시스템 | | | | |
| 3-a, 철골특수모멘트골조 | 8 | 3 | 5.5 | 신설 |
| 3-b, 철골중간모멘트골조 | 4.5 | 3 | 4 | 신설 |
| 3-c, 철골보통모멘트골조 | 3.5 | 3 | 3 | 신설 |
| 3-d, 철근콘크리트중간모멘트 골조 | 5 | 3 | 4.5 | 기존 |
| 3- 철근콘크리트 보통모멘트 골조 | 3 | 3 | 2.5 | 기존 |
| 4. 중간모멘트골조를 가진 이중 골조시스템 | | | | |
| 4-a, 철골중심가새골조 | 5 | 2.5 | 4.5 | 기존 |
| 4-b, 철근콘크리트 전단벽 | 5.5 | 2.5 | 5 | 기존 |
| 4-c, 전근보강조적 전단벽 | 3 | 3 | 2.5 | 기존 |
| 4-d, 보통 복합가새골조 | 4 | 2.5 | 3 | 신설 |
| 4-e, 강재와 결합된 보통복 합철 근콘크리트 | 5.5 | 2.5 | 4.5 | 신설 |
| 5. 역추형 시스템 | | | | |
| 5-a, 캔틸레버기둥시스템 | 2.5 | 2 | 2.5 | 기존 |
| 5-b, 철골특수모멘트골조 | 2.5 | 2 | 2.5 | 신설 |
| 5-c, 철골보통모멘트골조 | 1.25 | 2 | 2.5 | 신설 |
| 6. 기타 구조 | | | | 기존 |
| 6-a, 기타 구조 | 3 | 2 | 2.5 | 기존 |
| 6-b, 내진상세가 없는 강구조시 스템 | 3 | 2.5 | 2 | 신설 |

한편 역추형 시스템 중 철골모멘트골조는 철골특수모멘트골조와 철골보통모멘트골조로 나누어서 제안하였다. 이는 모멘트골조가 세 가지로 나누어져 있기 때문에 복잡하지만 적어도 두 가지로 구분해주는 것이 설계자의 입장에서 편리하게 다가올 수 있다고 생각한다.

마지막으로, 기타 구조에서는 내진상세가 없는 강구조시스템을 신설하였다. 일괄적으로 기타 구조 한 개로 구분할 경우 내진상세가 없는 강구조의 변위증폭계수는 다소 높다고 할 수 있다. 따라서 내진상세가 없는 강구조시스템을 추가하는 것으로 하였다.

## 6.4 강구조 내진설계 시의 특별 고려사항

강구조는 그 접합상태가 매우 다양하고 접합부가 상당히 많이 존재하고 있다. 골조를 설계할 때는 상당히 복잡한 내진거동을 나타내기 때문에 간단히 설계할 문제가 아니라, 매우 디테일한 접합부별 내진특별규정을 KBC 2005에 추가해야 할 것이라 판단된다. 예를 들어 강구조의 경우, 현 KBC 2005의 표 0703.5.1에는 압축판요소의 판폭 두께비를 언급하고 있다.

그러나 내진설계에서는 이 규정보다 강화된 규정을 두어야 한다고 많은 국내외의 학자가 언급하고 있다. 한편 AISC의 내진기준위원회에서도 이보다 강화된 규정을 설정해놓고 있는 실정이다. 따라서 KBC 2005에서도 강구조 내진설계시의 특별고려사항을 추가해야 할 것으로 판단된다. 그간 지진공학회를 통해서 다루어졌던 중요한 강구조의 내진설계 특별고려사항을 정리해보았다. 내용은 너무 많고 광범위해서 본 제안에서는 주요골자를 정리하도록 하고 기준의 보완을 위한 항목을 SMF, IMF, OMF 위주로 언급하는 것으로 하였다.

### 6.4.1 하중, 하중조합 및 공칭강도

**1) 하중과 하중조합**

증폭된 지진하중이 요구되는 경우에는 수평지진하중 E에 초과강도계수 $\Omega_0$를 곱하여 사용한다. 설계기준에 $\Omega_0$의 값이 정의되어 있지 않은 경우에는 표 6-2의 값을 사용한다.

**표 6-2** 시스템 강도증폭계수, $\Omega_0$

| 지진력 저항시스템 | $\Omega_0$ |
|---|---|
| 모멘트-골조 시스템 | 3 |
| 편심 가새골조 | 2.5 |
| 다른 모든 시스템 | 2 |

### 2) 공칭강도

시스템, 부재 및 접합부의 공칭강도는 이 규정을 통해 수정된 내용 외에는 대한건축학회의 강구조설계기준의 요구사항을 만족해야 할 것이다.

## 6.4.2 층변위

설계 층변위와 층변위 제한값은 건축물 하중기준을 따르면 될 것이다.

## 6.4.3 재료

### 1) 재료기준

비탄성 거동이 예상되는 부재에 사용되는 강재의 최소기준 항복강도는 재료의 적합성이 실험이나 다른 합리적인 기준에 의해 검증된 경우를 제외하고, 34MPa을 초과할 수 없다.

### 2) 소요강도

접합부나 부재의 소요강도는 연결된 부재의 예상 항복강도 $F_{ye}$를 이용하여 결정한다.

$$F_{ye} = R_y F_y$$

**표 6-3** 부재 유형에 따른 $R_y$ 값

| 적 용 | $R_y$ |
|---|---|
| 판요소와 다른 모든 제품 | 1.1 |
| 압연 형강과 봉강 | |
| SS400 (ASTM A36) | 1.5 |
| SM490 (A572 Grade 42) | 1.3 |
| 기타 | 1.1 |
| 강관 | 1.3 |

## 6.4.4 접합부

접합부는 볼트접합, 용접접합 및 기타 접합부에 대한 추가적인 연구가 필요할 것이며, 이에 대한 내용 역시 강구조 내진특별규정에 포함되어야 할 것이다.

### 6.4.5 부재

부재에서는 주요 1차부재의 국부좌굴 및 기둥강도에 대한 내진요구사항이 필요할 것이다. 특기 국부좌굴에 대한 한계 판폭 두께비는 대폭 강화되어야 할 것으로 판단된다. 국부좌굴에 대한 한계 판폭 두께비는 표 6-4에 제시하였다.

**표 6-4** 압축부재의 한계 폭두께비, $\lambda_{ps}$

| 부재 형상 | | 폭두께비 | 최소 폭두께비 |
|---|---|---|---|
| 한쪽만 지지된 요소 | H-형강의 보 플랜지 | | $0.30\sqrt{E_s/F_y}$ |
| | H-형강의 기둥 플랜지 | $b/t$ | $0.30\sqrt{E_s/F_y}$ |
| | ㄷ, ㄱ형강의 플랜지 | $b/t$ | $0.30\sqrt{E_s/F_y}$ |
| | H-파일의 플랜지 | $b/t$ | $0.45\sqrt{E_s/F_y}$ |
| | 평강 | $b/t$ | 2.5 |
| | T-형강의 웨브 | $d/t$ | $0.30\sqrt{E_s/F_y}$ |
| 양쪽이 지지된 요소 | 특수 모멘트골조의 보 웨브 | $h/t_w$ | $2.45\sqrt{E_s/F_y}$ |
| | 기타 골조의 보 웨브 | $h/t_w$ | $3.14\sqrt{E_s/F_y}$ |
| | 휨과 압축력을 받는 부재의 웨브 | $h/t_w$ | $P_u/\phi_b P_y \le 0.125$인 경우<br>$3.14\sqrt{E_s/F_y}\left(1\text{-}1.54\dfrac{P_u}{\phi_b P_y}\right)$<br>$P_u/\phi_b P_y > 0.125$인 경우<br>$1.12\sqrt{E_s/F_y}\left(2.33\text{-}\dfrac{P_u}{\phi_b P_y}\right)$ |
| | 압축 또는 휨을 받는 원형강관 | $D/t$ | $0.044\sqrt{E_s/F_y}$ |
| | 압축 또는 휨을 받는 각형강관 | $b/t$ 또는 $h/t_w$ | $0.64\sqrt{E_s/F_y}$ |
| | H-파일의 웨브 | $h/t_w$ | 0.94 sqrt { E_{ s } /F_{ y } } |

#### 1) 기둥의 접합

기둥 연결부의 설계강도는 부분 홈용접부의 강도, 플랜지의 강도 등 다루어져야 할 부분이 상당히 많다. 따라서 추후 관련 연구진의 구성을 통한 상세한 연구가 필요할 것이다.

(1) 부분 홈용접부의 설계강도는 소요강도의 200% 이상이어야 한다.

(2) 각 플랜지의 강도는 $0.5 R_y F_y A_f$ 이상이어야 한다. 여기서 $R_y F_y$는 예상 항복강도, $A_f$는 접합된 기둥들 중에서 작은 플랜지의 면적이다.

**2) 기둥 웨브의 연결**

기둥 웨브는 볼트접합이나 용접접합으로 연결할 수 있다. 모멘트골조의 경우 볼트를 사용하여 연결할 경우, 기둥 웨브의 양쪽에 철판이나 ㄷ 형강을 사용해야 한다.

**3) 지진력을 받지 않는 기둥**

모멘트 골조에서 지진력 저항시스템이 아닌 기둥은 다음 사항들을 만족해야 한다. 기둥의 이음부에서 특히 중요하다. 특정 위치에 대한 구제적인 제안이 필요할 것이다. 예를 들어 한 가지만 언급하면 다음과 같을 것이다.

(1) 기둥의 연결부는 보-기둥 접합부에서 1.2 m 이상 떨어진 지점에 위치해야 한다. 기둥의 순 높이가 2.4 m 이하인 경우 기둥의 접합은 중간지점에 위치하도록 한다.

### 6.4.6 강구조 특수 모멘트 골조의 내진요건

(SPECIAL STEEL MOMENT FRAMES, SSMF)

현재 우리나라의 SMF에 대한 구제적인 성능기준은 갖추어져 있지 않은 실정이다. 따라서 이에 대한 특별내진규정이 정해져야만 구조시스템별 설계계수도 엇물려 적용될 수 있으리라 판단된다. 이에 대한 내용은 너무 많기 때문에 상당한 연구진을 구성한 보완이 필요할 것이다. SMF에 대한 인증은 주의 깊게 언급되어야 할 사안이라 판단된다.

1) 접합부는 최소 0.04 라디안의 층간변위각(Interstory Drift Angle)을 확보할 수 있어야 한다.

2) 0.04 라디안의 층간변위각에서 기둥면의 접합부 소요 휨강도가 연결보의 공칭 소성모멘트의 80% 이상이어야 한다.

3) 접합부의 소요 전단강도 $V_u$는 하중조합 $1.2D+0.5L+0.2S$에 의한 산정된 값과 2[$1.1R_yF_yZ$/소성힌지 사이의 거리]으로 계산한 전단력을 합산하여 결정

한다. 정밀한 해석을 통해 더 적은 값의 $V_u$를 대안으로 사용할 수 있다.

한편, 패널존의 전단강도 및 두께, 강기둥-약보의 개념(모멘트비), 패널존에서의 이중판 사용, 보 기둥 접합부의 횡구속 등 상세한 사항은 추후 언급되어야 할 것이다.

### 6.4.7 중간모멘트 골조의 내진요건

(INTERMEDIATE MOMENT FRAMES, IMF)

중간모 모멘트골조의 내진특별규정은 적어도 다음의 요건을 갖추어야 할 것이다.

1) 접합부는 적어도 0.02 라디안의 층간 횡변위각을 지지할 수 있어야 한다.
2) 기둥면에서 확인한 접합부 휨강도는 0.02라디안의 층간 횡변위각에서 접합된 보의 공칭 소성모멘트의 80%는 되어야 한다.
3) 접합부의 소요전단강도 $V_u$는 하중조합 $1.2D + 0.5L + 0.2S$에 2[$1.1R_y F_y Z$ /소성힌지 부분 사이의 거리]을 적용해서 얻은 전단력을 더한 값을 사용해서 결정하는 것으로 한다.

### 6.4.8 보통 모멘트골조의 내진요건

(ORDINARY MOMENT FRAMES, OMF)

보-기둥 접합부는 용접과 (또는) 고력볼트로 만들도록 한다. 접합부는 다음과 같이 FR 또는 PR 모멘트접합으로 할 수 있다.

지진하중 저항시스템의 일부분인 FR 모멘트 접합부는, 적어도 보 혹은 거더의 $1.1R_yM_p$ 정도의 크기, 또는 시스템에 의해서 전달될 수 있는 최대 모멘트 중 작은 값과 같은 소요 휨강도, $M_u$로 설계하는 것으로 한다.

### 6.4.9 특수 중심가새골조

(Special Concentrically Braced Frames, SCBF)

특수 중심가새골조(SCBF)는 설계지진 작용 시 상당한 비탄성 변형에 저항할 수 있어야 한다. 특수 중심가새골조 내의 압축가새 부재가 좌굴할 때 보통 중심가새골조 내의 압축가새 부재에 비해 강도저하가 작기 때문에 더 큰 연성을 갖는다. 특수 중심가새골조는 세장비, 소요압축강도의 요건, 횡력분배에 관한 사항, 폭두께비, 조립부재, 가새접합부에 관한 사항 등 다양한 내용을 검토하여 포함되어야 한다고 생각한다.

## 6.5 강구조설계의 보완사항

### 6.5.1 탄성계수의 보완

KBC 2005의 강구조의 재료의 탄성계수와 부호가 서로 달라서 혼돈을 일으킬 수 있는 것이 있고 식이 틀린 것이 있어 수정할 필요가 있다. KBC 2005의 식(0503.4.9)에는 아래와 같이 명시되어 있으나,

$$Ess = 210{,}000\ (N/mm^2) \qquad (0503.4.9)$$

KBC 2005의 표 0701.6.4 에는 아래의 표와 같이 언급되어 있어서 기준이 상이한 면이 있다. 이에 대한 보완이 이루어져야 할 것이다.

**표 0701.6.4** 강재의 재료정수

| 정 수 / 재 료 | 탄성계수 ( $E$ ) ($N/mm^2$) | 전단탄성계수 ( $G$ ) ($N/mm^2$) | 포아송비 $\nu$ | 선팽창계수 $\alpha$ (1/℃) |
|---|---|---|---|---|
| 강 재 | 206,000 | 79,500 | 0.3 | 0.000012 |

### 6.5.2 좌굴강도 $F_{cr}$ 수정

탄성좌굴강도는 본 식과 같이 수정이 되어야 할 것이다.

$$F_{cr} = \frac{0.90Ek_c}{\lambda^2}$$

**표 0707.2.3** 국부좌굴강도 매개변수

| 단면형태 | 강축 또는 약축에 대해 휨을 받는 ㄷ형강 및 2축대칭 또는 1축대칭인 H형강 | | | |
|---|---|---|---|---|
| 소성휨모멘트 $M_p$ | $F_yZ$ | | | |
| 좌굴의 구분 및 세장비 | 플랜지 국부좌굴 $\lambda = b/t_f$ | | 웨브 국부좌굴 $\lambda = h/t_w$ | |
| | 강축 | 약축 | 강축 | 약축 |

| | | | | | |
|---|---|---|---|---|---|
| 탄성한계 좌굴모멘트 $M_r$ | | $F_L S_x$ | $F_y S_y$ | $R_e F_{yf} S_x$ | - |
| 좌굴강도 $F_{cr}$ | | 압연형강 $0.69E/\lambda^2$<br>용접형강 $0.90E/\lambda^2$ | $0.69E/\lambda^2$ | - | - |
| 한계 판폭 두 께 비 | $\lambda_p$ | $0.38\sqrt{\frac{E}{F_{yf}}}$ | $0.38\sqrt{\frac{E}{F_{yf}}}$ | $3.76\sqrt{\frac{E}{F_{yf}}}$ | $3.76\sqrt{\frac{E}{F_{yf}}}$ |
| | $\lambda_r$ | 압연형강 $0.83\sqrt{\frac{E}{F_L}}$<br>용접형강 $0.95\sqrt{\frac{E}{(F_L/k_c)}}$ | $0.83\sqrt{\frac{E}{F_L}}$ | 〈표 0703.5.1〉에 정의된 $\lambda_r$값 | 〈표 0703.5.1〉에 정의된 $\lambda_r$값 |

수정 근거 : Third Edition, MANUAL of STEEL CONSTRUCTION (Load and Ressistance Factor Design), pp16.1-99

TABLE A-F1.1(cont'd)
Nominal Strength Parameters

| Critical Stress Fcr | Slenderness Parameters | | | Limitations |
|---|---|---|---|---|
| | $\lambda$ | $\lambda_p$ | $\lambda_r$ | |
| $\frac{C_b X_1 \sqrt{2}}{\lambda}\sqrt{1+\frac{X_1^2 X_2}{2\lambda^2}}$ | $\frac{L_b}{r_y}$ | $1.76\sqrt{\frac{E}{F_{yf}}}$ | [c,d] | Applicable for I-shaped members if $h/t_w \le \lambda_r$ when $h/t_w > \lambda_r$ see Appendix G |
| [e] | $\frac{L_b}{r_{yc}}$ | $1.76\sqrt{\frac{E}{F_{yf}}}$ | Value of $\lambda$ for which $M_{cr}(C_b=1)=M$ | |
| [f] | $\frac{b}{t}$ | $0.38\sqrt{\frac{E}{F_{yf}}}$ | [g] | |
| Not applicable | $\frac{h}{t_w}$ | $3.76\sqrt{\frac{E}{F_{yf}}}$ | $\lambda_r$ as defined in Section B5.1 | |
| $\frac{0.69E}{\lambda^2}$ | $\frac{b}{t}$ | $0.38\sqrt{\frac{E}{F_{yf}}}$ | $0.83\sqrt{\frac{E}{F_L}}$ | None |

Notes(cont'd)

[f] $F_{cr}=\frac{0.69E}{\lambda^2}$ for rolled shapes

$F_{cr}=\frac{0.90Ek_c}{\lambda^2}$ for welded shapes

where $k_c=\frac{4}{\sqrt{h/t_w}}$ and $0.35 \le k_c \le 0.763$

[g] $\lambda_r=0.83\sqrt{\frac{E}{F_L}}$ for rolled shapes

$\lambda_r=0.95\sqrt{\frac{E}{(F_L/k_c)}}$ for welded shapes

### 6.5.3 설계전단강도 수정

KBC 2005의 0707.3.2.3의 경우 웨브의 폭 두께비가 $3.07\sqrt{E/F_{yw}} < h/t_w \le 260$인 경우 아래와 같이 되어 있으나 이는 착오인 것으로 판단된다.

$$V_n = A_w\left[\frac{2.45\sqrt{E/F_{yw}}}{h/t_w}\right] \qquad (0707.3.3)$$

LRFD의 pp.16.1-102 를 참고하면 다음과 같다.

F2. DESIGN FOR SHEAR

2. Design Shear Strength

(c) For $h/t_w > 1.37\sqrt{\frac{k_v E}{F_{yw}}}$ :

$V_n = A_w(0.91Ek_v)/(h/t_w)^2$

where

$k_v = 5 + 5/(a/h)^2$

$= 5$ when $a/h > 3$ or $a/h > [260/(h/t)]^2$

a = distance between transverse stiffeners, in.(mm)

h = for rolled shapes, the clear distance between flanges less the fillet or corner radius, in.(mm)

= for built-up welded sections, the clear distance between flanges, in.(mm)

= for built-up bolted or riveted sections, the distance between fastener lines, in.(mm)

(식 0707.3.3)은 탄성계수/응력으로 무차원화 되고 다시 높이/두께로 다시 무차원 되며 면적만 남게 된다. 따라서 힘이 될 수 없다. 그러나 Third Edition, MANUAL of STEEL CONSTRUCTION에서는 $V_n$이 힘으로 존재한다.

$k_v$가 5일 때 $1.37\times\sqrt{5} = 3.0634$이다.

다시 $k_v$을 $V_n$에 직접 넣으면 :

$V_n = A_w(0.91Ek_v)/(h/t_w)^2 = A_w(0.91E \times 5)/(h/t_w)^2 = 4.55 A_w E/(h/t_w)^2$ 이다.

따라서 이는 $V_n = A_w(0.91Ek_v)/(h/t_w)^2$와 같이 수정되어야 할 것이라 판단된다.

## 6.6 소결론

지금까지 강구조의 내진설계를 위한 시스템의 설계계수, 강구조의 내진특별규정, 강구조의 일반적인 내용에 대한 검토를 하였다. 그러나 본 검토는 토의와 발전적인 제안을 위한 내용으로만 사용되어야 할 것이다. 보다 구체적인 강구조의 내진특별규정을 위해서는 적어도 네 명 정도의 강구조를 위한 특별 팀이 구성되어서 상세한 내진설계를 위한 특별규정이 설정될 수 있는 노력이 필요할 것이라 판단된다.

# 07 비구조요소와 공작물의 내진설계

## 7.1 일반사항

구조공학 실무자나 연구자들은 주로 철근콘크리트, 철골, 조적조 또는 목조 구조물을 대상으로 내진설계, 내진성능평가 및 보강설계를 수행하고 있다. 즉 건축구조물에 설치된 건축, 기계, 전기 비구조요소(nonstructural elements)는 시설물을 설치하는 공급자의 몫으로 인식되어 건축물의 설계대상에서 제외되어 왔다. 하지만 지진으로 인한 피해의 상당부분이 비구조요소의 파괴로 말미암아 비롯된 것이라는 것이 많은 지진 후 보고서의 공통된 지적임을 고려할 때, 비구조요소의 지진에 대한 거동은 결코 무시되거나 시설물 공급자에게만 맡겨둘 성질의 것이 아니라, 건축구조물의 설계와 동등한 관심의 대상이 되어야 한다.

한편 공작물(non-building structures)의 설계 역시 전문시공업체의 관습이나, 경험에 의존한 채 구조공학 실무자의 엔지니어링 설계기술과 노하우를 거치지 않고 직접 시공되는 일이 많은 상황이다. 이는 우리 구조공학 실무자나 연구자들이 비구조요소와 공작물의 내진설계에 대한 관심이 상대적으로 적은 편이고, 실무 또는 연구의 기회가 제한적이기 때문인 것으로 판단된다. 따라서 시설물 공급자나 전문시공업체의 경험이나 관습에 의존하여 시공되는 비구조요소와 공작물을 양산할 경우, 지진발생시 입게 될 물적, 인적 피해의 규모는 상상할 수 없는 수준이 될 정도라고 예상할 수 있으며, 구조공학 기술의 적극적인 개입에 의한 엔지니어링 설계가 적용되지 않은 위험요소들을 계속 방치해야만 할 것인가에 대해서 사회적 관심과 능동적인 대처가 필요하다고 할 수 있다.

이러한 문제점을 해결하고자 국내 내진설계기준에서는 2000년도에 처음으로 비구조요소의 설계에 관한 조항을 규정하게 되었으며, 2005년 구조설계기준(KBC-S 2005)에서는 보다 다양하고 세분화된 비구조요소의 내진설계 조항이 도입되었다. 한편, 공작물의 내진설계는 2005년 구조설계기준(KBC-S 2005)에서 처음으로 설계조항이 도입되었으며, 향후 많은 개선과 보완이 필요한 분야라고 할 수 있다.

비구조요소는 건축물의 일부로서 건물에 영구히 설치된 건축, 기계 및 전기적 구성요소와 그 고정장치 및 부착물을 말한다. 비구조요소에는 건설도면에 포함되어 건설공무원의 승인 하에 설치되는 비구조요소와 건설 후 건축주나 거주자에 의하여 설치되는 건설공무원의 검토가 필요치 않은 비구조요소가 있다. 하지만 어느 것이나 지진력에 의한 파손이 발생할 경우 건물이나 인명에 심각한 위협이 될 수 있다. 비구조요소는 건축, 기계 및 전기 비구조요소로 분류되며, 다음과 같은 시설물과 부착물 및 그 고정장치로 구성된다.

(1) 건축 비구조요소 : 외벽, 칸막이벽, 내·외부치장 부재, 천장, 난간, 차양, 굴뚝, 계단 등
(2) 기계 비구조요소 : 기계장비, 보일러, 물탱크. 냉각기, 비상발전기, 펌프, 파이프, 덕트 등
(3) 전기 비구조요소 : 변압기, 전기 및 통신장비, 분배장비, 조명기구, 승강기 등
(4) 기타 : 역사적 가치가 있는 물품, 가구, 가전용품, 컴퓨터, 악기 등

공작물은 건물, 교량, 댐, 원자력발전소를 제외한 모든 자립형 구조물을 말하며, 건축물과 달리 구조물의 용도가 거주를 목적으로 하지 않는 경우가 많고, 사회기반시설을 위한 구조물이 대다수이다. 또한 공작물은 실제적 또는 잠재적으로 위험성이 있는 요소나 내용물을 포함하는 경우가 많으므로 지진피해 발생시 사회적, 경제적인 파장이 매우 큰 구조물이라고 할 수 있다. 아울러 공작물은 건축물과 유사하게 바닥판이 있는 경우에는 건축물의 동적특성과 유사한 거동 특성을 기대할 수 있지만, 바닥판 없이 시공되거나 유체 등을 보관하는 공작물인 경우에는 건축물의 동적특성과 다르게 되므로 세심한 해석과 설계가 필요하다. 즉 공작물은 동적거동의

특성과 내진설계의 절차 등을 규정하는데 있어서 건축물과 유사한 공작물과 그렇지 않은 공작물로 크게 구분할 수 있으며, 다음과 같이 구분할 수 있다.

**(1) 건물과 유사한 공작물**

① 배관용 선반(Pipe Rack)

② 철골 선반(Steel Storage Rack)

③ 발전설비

④ 탱크와 배셀을 지지하는 구조용 타워

⑤ 피어(Pier)와 선착장

**(2) 건물과 유사하지 않은 공작물**

① 토압에 저항하기 위한 공작물

② 탱크와 저장용기

③ 통신용 타워

④ 연통과 굴뚝

⑤ 위락시설용 공작물(Roller coaster, Ferris 등)

⑥ 특수한 수리구조물(Separation walls, Weirs 등)

⑦ 매설구조물

⑧ 역추형 구조물

이와 같이 공작물의 범위와 종류가 다양하기 때문에 각각의 구조적 성능과 동적 거동의 특징에 맞는 설계기술을 정립하는 연구와 노력이 필요하다고 할 수 있다.

## 7.2 비구조요소 내진설계의 기술분석과 개선방향

지진피해 사례에 의하면 건축구조물 자체는 구조적으로 완벽하게 거동하였거나 손상이 적더라도 비구조요소의 파손은 사람의 생명을 위협하고, 건물기능 수행에 타격을 주며, 경제적 손실을 가져올 수 있음을 명백하게 확인할 수 있다. 특히 지진 후 피해복구 및 응급조치를 해야 할 병원, 소방서 및 관공서 등 건물의 비구조요소 파손에 의한 기능 상실은 설상가상의 또 다른 재앙이라고 할 수 있다. 이러한 경우 지진 후 피해복구용으로 활용할 건축구조물이 안전하게 유지되도록 설계에서 고려한 중요도계수가 무색해진다고 할 수 있다. 비구조요소의 적절한 내진설계는 극히

적은 비용으로 달성 가능하며, 그 효과는 생명보존 및 엄청난 비용의 절약으로 나타난다.

내진성능을 고려함에 있어서 비구조요소가 건축구조물 자체 못지않게 중요한 이유는 1964년 Alaska 지진에 의하여 손상된 건물을 둘러본 후 Ayres와 Sun이 작성한 보고서에 다음과 같이 명확히 언급되어 있다: "만일 지진이 닥쳐왔을 때 쏟아지는 천장재와 전기조명기구 속을 통과하고서야 건물로부터 빠져나갈 수밖에 없다면, 이리저리 쏠리고 넘어지는 가구와 잔비들을 지나야만 건물로부터 빠져나갈 수 있다면, 어두운 복도를 통과하여 부서진 건설재의 파편이 쌓여있는 계단에서 넘어져 가며 건물로부터 빠져나갈 수밖에 없다면, 그리고 건물 밖으로 탈출에 성공한 후에도 떨어지는 유리판이나 외벽장식재 등에 맞을 위험에 직면하게 된다면, 그러한 건물은 비록 무너지지 않았을지라도 결코 안전한 구조물이라고 할 수 없다."

과거의 지진 후 보고된 비구조요소의 지진피해 사례는 다음과 같다.

(1) 비보강 조적조 난간 및 외벽으로부터 떨어지는 파편들에 의하여 건물 밖에서 다치거나 생명을 잃은 사람들의 수가 건물 내에서 다치거나 죽은 사람들의 수와 비슷하였다. (1906년 San Francisco 지진, 1925년 Santa Barbara 지진, 1933년 Long Beach 지진, 1952년 Bakerafield 지진, 1971년 San Francisco 지진, 1987년 Whittier-Narrows 지진, 1989년 Loma Prieta 지진, 1994년 Northridge 지진)
(2) 매달린 조명기구가 떨어짐(1952년 Bakerafield 지진, 1964년 Alaska 지진, 1983년 Coalinga 지진, 1994년 Northridge 지진)
(3) PC 외벽판, 승강기 및 매달린 천장의 파손(1964년 Alaska 지진)
(4) 철제 선반의 쓰러짐, 비상계단에 쌓인 건설재 파편, 매달린 천장, 전기조명기구 및 공조(HVAC)덕트의 파괴(1971년 San Francisco 지진)
(5) 중량의 플라스터마감 천장 및 장식재의 붕괴, 상·하수도 시스템의 손상에 따른 경제적 손실, 조명기구시스템의 파손(1989년 Loma Prieta 지진)
(6) 진화용 스프링클러 및 급·배수라인의 파괴, 이로 말미암은 단수(1994년 Northridge 지진)

지진하중에 의해 파손된 비구조요소는 건물과 거주자 및 내용물에 다음과 같은 2차 효과를 야기하게 되어 추가적인 피해를 주게 된다.

(1) 기계 및 전기장비의 파손으로부터 비롯되는 화재, 폭발 및 유해물질의 누출
(2) 건축 비구조요소의 파손-낙하는 인명살상 및 부근의 장비가 사용불능이 될 정도로 손상을 입힐 수 있다.
(3) 파이프시스템의 파손으로 인하여 보일러로부터 데워진 고온-고압의 스팀이나 고온의 물이 뿜어 나올 수 있다.

이러한 직접적이 위험요소와 더불어 건물은 무사하지만 비구조요소의 파손으로 인하여 발전소, 병원 및 관공서 등에서 정상적인 업무가 수행될 수 없는 경우를 생각해야 한다. 실제로 1999년 Chi-Chi지진 발생 후 비상발전기, 공조설비, 급수설비, 등 비구조요소의 파손으로 인하여 지진피해지역 내 많은 병원들의 비상시 의료서비스가 마비된 사례가 보고 되어 있다. 주목할 것은 이러한 병원건물들은 지진에 대하여 상당히 양호한 거동을 보였으며, 구조적 손상이 거의 없었다는 것이다. 이와 아울러 건축물이나 비구조요소가 복구되기까지 경제활동의 장애로 인한 손실을 염두에 두어야 한다.

따라서 건축물구조설계기준(KBC-S 2005)에서는 건축, 기계 및 전기 비구조요소의 용도, 하중, 기능의 연속성 및 구조물과의 상호작용을 감안하여 최소한의 설계요건을 규정하고 있다. 건축, 기계 및 전기 비구조요소는 건축물구조설계기준에서 규정한 등가정하중에 저항하며 변위를 수용할 수 있도록 설계해야 한다. 건축구조물에 설치된 비구조요소 사이에는 중대한 상호작용이 있을 수 있음을 고려해야 한다. 예를 들면, 비내력 외벽이 도로위로 떨어져 나가면 건물로부터의 탈출이나 건물로의 진입에 심각한 장애를 초래할 수 있다. 매달린 천장과 등기구가 붕괴될 경우, 피난을 위한 공간이나 계단으로의 출구가 막힐 수 있다. 한 비구조요소의 파괴는 이에 의존하는 다른 비구조요소의 파괴로 이어질 수 있다. 이와 아울러 비구조요소의 기능유지 또한 고려해야 할 중요한 사항이다. 다른 비구조요소나 구조부재에 근접하거나 접촉하여 설치되는 비구조요소의 설계는 특별히 주의를 기울여야 한다. 예를 들어 비내력 칸막이벽 옆에 설치된 병원의 발전기는 칸막이벽의 붕괴로 인하여 기능이 마비될 수 있기 때문에 이러한 칸막이벽은 안정을 유지하도록 설계해야 한다.

따라서 하나의 비구조요소의 붕괴가 전체시스템의 붕괴를 초래할 수 있다.

비구조요소는 변위에 민감한 요소와 가속도에 민감한 요소로 분류할 수 있다. 비구조요소가 비구조요소를 지지하는 건축구조물의 층간변위에 의하여 영향을 받는다면 이는 변위에 민감한 비구조요소이다. 변위에 민감한 비구조요소의 보기에는 칸막이벽, 비내력외벽(Curtain Walls), 층과 층을 잇는 파이프시스템 등이 있다. 변위에 민감한 비구조요소는 보통 층과 층 사이에 강접합된다. 비구조요소가 층간변위에 의한 손상을 입을 우려가 없다면 이는 가속도에 민감한 비구조요소이며, 기계류 등과 같이 보통 건축물의 바닥이나 벽에 정착된다. 경우에 따라서는 변위와 가속도 모두에 민감한 비구조요소도 있다.

비구조요소는 지반에 고정된 건축구조물과는 달리 지반에 직접적으로 지지되어 있지 않고 건축구조물을 통하여 간접적으로 지반에 지지된다. 그러므로 지반운동에 의한 건물의 거동을 지반운동으로 간주하여 해석한다. 건물에 설치된 비구조요소는 건물과의 동역학적 관계로부터 결정되는 지진운동에 대하여 견딜 수 있어야 한다. 비구조요소와 그 고정장치는 건물의 동적 특성을 전체적 또는 부분적으로 고려하여 설계해야 한다. 이때 건물은 마치 진동 필터(filter)와 같이 작용하여 주로 건물의 주파수와 가까운 주파수의 지진파들을 선별적으로 비구조요소에 전달시킨다. 그러므로 비구조요소에 영향을 미치는 진동의 주파수 영역은 지반의 것보다 줄어들게 된다. 일반적으로 건물의 상층부로 갈수록 횡방향 가속도는 증가하게 되는데, 이는 지반가속도가 건물에 의하여 증폭됨을 의미한다.

비구조요소에 작용하는 지진력의 정확한 예측은 매우 복잡한 동역학적 문제이므로 원자력발전소와 같은 특수시설에서만 시도되고 있다. 그 외의 건물에서는 응답스펙트럼법과 같은 보다 간편한 방법으로 적절하게 예측 가능하다. 건축물에 설치된 비구조요소는 증폭된 지진운동의 영향 하에 있게 되며, 특히 건물과 비구조요소의 기본주기가 일치할 때에는 공진현상으로 인하여 증폭효과는 더욱 심하게 된다. 그러나 실제로는 건물과 비구조요소 간의 감쇠로 인하여 증폭이 크게 감소되기도 하지만 항상 그런 것은 아니다. 그러므로 건물에 설치되는 모든 비구조요소는 충분히 큰 응답에 견디도록 일차적으로 구조물에 견고히 연결시켜야 한다.

비구조 요소의 내진설계에 대한 최초의 규정은 1927년 UBC에 나타나 있는데, 비구조요소의 횡보강에 대한 구체적인 언급은 없지만 다음과 같은 일반적인 표현을 포함하고 있다: “모든 건축구조물은 하나로서 거동할 수 있도록 건물 각 부분이 서로 견고히 부착되고 연결되어야 한다. 모든 마감재, 처마 및 장식재는 구조물의 일부가 되도록 부착시켜야 한다. 이는 건물의 내부뿐만 아니라 외부에도 적용된다. 1961년 UBC에는 비구조요소의 설계에 고려해야 하는 지진력을 최초로 언급하고 있으며, 다음과 같은 형태를 갖추고 있다. $F\rho = C\rho W\rho$, 여기서 $F\rho$ = 비구조요소의 질량 중심에 작용하는 횡방향 지진력, $C\rho$ = 중력가속도에 대한 계수 그리고 $W\rho$ = 비구조요소의 중량이다. 또한 1961년 UBC에는 비구조요소가 “건물의 부분” 으로 표현되었으며, 규준의 요건은 전적으로 건축 비구조요소에 국한되었다. 여기서 언급된 건축 비구조요소에는 비내력벽 칸막이, 조적조, 및 콘크리트 담장으로 높이가 1.8m를 초과하는 것, 캔틸레버 난간, 내·외장재 및 부착물, 굴뚝, 고가수조 및 지상수조 등이 포함된다. 1967년 UBC에는 “외벽판의 연결” 이 추가되었으며, 1973년 UBC에는 저장용 창고선반 및 매달린 천장시스템이 추가되었다. 1976년 UBC에는 “견고히 설치된 강한 기계 및 장비” 가 추가되어 건물 내 기계·장비의 존재를 인식하게 되었다. ATC 3-06에서는 건축, 기계 및 전기 비구조요소에 작용하는 지진력 산정식이 포함되었다. 이 식에는 5개의 변수가 들어있는데, 여기에는 건물의 높이 또는 비구조요소의 건물 내 수직위치에 따라 증가하는 증폭계수가 포함된다. 최근의 규준에서는 비구조요소를 비구조요소의 파손결과에 따라 구분하고 있다. 즉 생명을 위협하는 파손, 경제적 손실을 끼치는 파손 및 건물의 기능상실을 야기하는 파손 등이다.

설계 지진력과 응답수준을 선정하는 과정은 건물과 비구조요소가 원칙적으로 같으며, 주어진 응답으로 인한 결과와 이에 대한 수용 여부에 따라 결정된다. 그러므로 건물과 비구조요소가 같은 정도의 위험성을 내포하고 있을 때에는 다음과 같이 설계해야 한다.

(1) 건물과 비구조요소는 같은 설계지진에 대하여 설계하되, 비구조요소의 경우 건물에 의하여 수정된 설계지진을 사용한다.

(2) 건물과 비구조요소는 같은 응력수준에 대하여 설계하여 주어진 지진에 대하

여 비슷한 정도의 손상을 입도록 한다.

한편 건물은 연성도를 확보하여 비탄성 영역으로까지 변형되는 것이 허용되는 반면, 비구조요소는 기능유지를 위하여 탄성거동을 해야 하는 경우도 있다. 즉 진화용이나 비상환기 시스템과 같은 안전설비에 대하여는 건물보다 엄격한 지진설계기준이 적용되어야 한다. 또한 가스나 고온·고압의 스팀 또는 유해한 화학물질들이 그 용기나 파이프로부터 유출되지 않도록 해야 한다.

시대의 흐름과 공학의 발전 그리고 안전에 대한 사회적 인식을 감안하여 비구조요소의 설계에 대한 건축물구조설계기준을 개선하려고 한다면 다음을 고려해야 할 것이다.

(1) 모든 비구조요소들을 고려대상으로 확대하되 파손시 미치는 결과의 심각성 및 비구조요소간 기능적 종속관계에 따라 구분하여 설계시 적절한 가중치를 부여하도록 한다. 즉 비구조요소 중에는 파괴시 인간의 생명을 위협하는 부류가 있고, 피해복구 시설물의 기능을 상실케 하는 부류가 있고, 국부적인 자체파손으로 국한되는 부류가 있다.

(2) 지진대에 따라 비구조요소별로 목표성능을 설정할 수 있으며, 이는 구조물에 부여되는 목표성능과 연계하여 고려해야 한다. 비구조요소는 비구조요소가 설치된 구조물과 동등한 정도의 내진성능을 보유하도록 설계할 필요가 있다.

(3) 비구조요소의 내진설계를 힘과 변위의 관계 속에서 생각해야 한다. 현재의 규준식은 작용하는 지진력에 근거하여 비구조재의 부착강성을 높이도록 요구하고 있는데, 경우에 따라서는 유연성을 통하여 생성되는 지진력 자체를 감소시키는 방법이 더욱 경제적이고 현실적일 수도 있다. 이를 위하여 비구조요소의 고정을 위한 시스템과 적절한 상세가 고려되어야 한다.

(4) 비구조요소가 설치되는 건물 내 수직위치에 대한 고려가 필요하다. 고층건물에서는 지반에 가까운 층과 지반으로부터 멀리 떨어진 층간의 변위 및 가속도가 다르기 때문에 비구조요소에 미치는 건물의 동적 응답의 영향을 고려해야 한다.

(5) 비구조요소의 파손으로부터 올 수 있는 위험성에 대하여 사회가 제대로 인식하도록 한다.

## 7.3 공작물 내진설계의 기술분석과 개선방향

공작물에 대한 설계조항은 BSSC (Building Seismic Safety Council)의 설계기준 개정 위원회(Provision Update Committee)의 활동에 의해서 1994년 NEHRP 설계기준에 처음으로 등장하였다.

공작물은 연직하중을 받는 구조물 중에서 건축물, 차량 또는 철도용 교량, 원자력발전소, 해양선착장 또는 댐으로 분류되지 않는 모든 구조물을 대상으로 한다. 공작물의 내진설계는 인명보호와 더불어 기능유지 또는 위해방지를 위한 원칙에 충실해야 한다.

바닥판과 수직재로 구성되어 건물과 유사한 지진 거동을 기대할 수 있는 공작물의 내진설계는 건물에 대한 설계규정(기본진동주기의 약산, 지진력의 수직분포 등)을 준용할 수 있으며, 그렇지 않은 공작물의 설계는 적합한 해석과 설계를 수행해야 할 것이다.

한편 공작물의 내진설계 조항은 2005년 건축물구조설계기준에 처음으로 도입되었지만 다양한 용도와 구조적 특성을 갖는 공작물에 적용하기에 충분한 설계조항과 절차를 제시하지 못하고 있는 상황이다. 따라서 다양한 공작물 중에서 특히 많이 건설되고, 사회적 · 경제적인 중요도가 높은 공작물을 대상으로 다음의 표 7-1과 같은 관련 산업규격을 참고하여 보다 개선된 설계조항이 제시될 수 있도록 연구가 필요하다.

표 7-40 공작물의 설계를 위한 관련 산업규격

| Application | Standard or Reference |
|---|---|
| Steel Storage Racks | RMI Specification |
| Piers and Wharves | NAVEAC R-939, NAVFAC DM-25.1 |
| Welded Steel Tanks for Water Storage | AWWA D100 |
| Welded Steel Tanks for Petroleum and Petrochemical Storage | API 50, API 620 |
| Bolted Steel Tanks for Water Storage | AWWA D103 |
| Concrete Tanks for for Water Storage | AWWA D115, AWWA D110, ACI 350.3 |
| Pressure Vessels | ASME |
| Refrigerated Liquids Storage | |
| Liquid Oxygen, Nitrogen and Argon | NFPA 50 |
| Liquefied Natural Gas(LNG) | NFPA 59A, DOT 49CFR |
| LPG(Propane, Butane, etc.) | NFPA 59, API 2510 |
| Ammonia | ANSI K61.1 |
| Concrete silos and stacking tubes | ACI 313 |
| Petrochemical *structures* | ASCE Design of Secondary Containment |
| | in Petrochemical Facilities |
| Impoundment dikes and *walls* | |
| Hazardous Materials | ANSI K61.1 |
| Flammable Materials | NFPA 30 |
| Liquefied Natural Gas | NFPA 59A, DOT 490CFR |
| Cast-in-place concrete stacks and chimneys | ACI 307 |
| Steel stacks and chimneys | ASME STS |
| Guyed steel stacks and chimneys | ASME STS, Troitsky 1990 |
| Brick masonry liners for stacks and chimneys | ASTM C1298 |
| Amusement structures | ASTM F1159 |

## 참고문헌

1. 대한건축학회, 건축구조설계기준, 대한건축학회, 2005.
2. 김장훈, "비구조요소의 내진설계" , 대한건축학회, 건축, 제48권, 제8호, pp. 53-56, 2004.
3. Building Seismic Safety Council, NEHRP Guidelines for The Seismic Rehabilitation of Buildings (FEMA 273), Federal Emergency Management Agency, 1997.
4. Building Seismic Safety Council, NEHRP Commentary on The Guidelines for The Seismic Rehabilitation of Buildings (FEMA 274), Federal Emergency Management Agency, 1997.
5. Yao, G. C., Research and Application of Seismic Safety Evaluation on Nonstructural Elements in Hospitals, Proceedings of The 4th Taiwan-Japan-Korea Joint Seminar on Earthquake Engineering for Building Structures, October, pp. 141-147, 2002.
6. Building Seismic Safety Council, NEHRP Recommended Provisions for Seismic Regulations for New Buildings and Other Structures - Part I: Provisions (FEMA 368), Federal Emergency Management Agency, 2001.
7. Building Seismic Safety Council, NEHRP Recommended Provisions for Seismic Regulations for New Buildings and Other Structures-Part II: Commentary (FEMA 369), Federal Emergency Management Agency, 2001.
8. Sprague, H. O., and Legatos, N. A., Nonbuilding Structures Seismic Design Code Developments, Earthquake Spectra, Earthquake Engineering Research Institute, Vol. 16, No. 1, pp. 127-140, 2004.

**건축물의 풍하중 및 지진하중**

2007년 1월 15일 인쇄
2007년 1월 20일 발행

저　　자　사단법인 대한건축학회
서울특별시 동작구 남부순환로 2083 대한건축학회 회관
(사당동 1044-34 건축회관)
전화 02)525-1841~4
팩스 02)525-1845
http://www.aik.or.kr

발 행 인　강 해 작
발 행 처　기 문 당
주　　소　서울특별시 성동구 공명길 39(하왕십리동 966-22)
전　　화　02)2295-6171(代)~5
팩　　스　02)2296-8188
출판등록　1976. 10. 7(1-44)
홈페이지　http://기문당
http://www.kimoondang.com
I S B N　978-89-7086-957-5　93540
정　　가　10,000원